哈佛幸福课

刘长江　编著

吉林文史出版社
JILIN WENSHI CHUBANSHE

图书在版编目（CIP）数据

哈佛幸福课 / 刘长江编著. -- 长春：吉林文史出版社, 2017.5（2018.1 重印）

ISBN 978-7-5472-4075-5

Ⅰ. ①哈… Ⅱ. ①刘… Ⅲ. ①幸福—通俗读物 Ⅳ. ①B82-49

中国版本图书馆CIP数据核字(2017)第091783号

哈佛幸福课
HAFO XINGFUKE

出 版 人	孙建军	
编 著 者	刘长江	
责任编辑	于　涉　董　芳	
责任校对	薛　雨	
封面设计	韩立强	
出版发行	吉林文史出版社有限责任公司（长春市人民大街4646号）	
	www.jlws.com.cn	
印　　刷	天津海德伟业印务有限公司	
版　　次	2017年5月第1版　2018年1月第2次印刷	
开　　本	640mm×920mm　　16开	
字　　数	205千	
印　　张	16	
书　　号	ISBN 978-7-5472-4075-5	
定　　价	45.00元	

前　言

　　哈佛大学创办于 1636 年，是美国最早的私立大学之一，也是美国最古老的高等学府，被誉为"高等学府王冠上的宝石"。在美国有"先有哈佛，后有美利坚"的说法。哈佛大学对美国的社会、经济、文化、科学和高等教育等都产生了重大的影响，是莘莘学子梦想中的求知殿堂。300 多年来，哈佛大学先后培养出多位美国总统、多位诺贝尔奖获得者、多位普利策奖获得者、数十家跨国公司总裁。此外，哈佛大学还培养出了一大批知名的学术创始人、世界级的学术带头人、文学家、思想家、外交家等。哈佛大学的影响足可以支配整个美国。

　　哈佛大学为什么能培养出如此多的世界顶尖级人物？这得归功于哈佛大学先进的教育理念及教育体制。在哈佛大学，经济学课程以及实用的法律课程始终位列前三。然而，2006 年，这一传统局面被打破了。哈佛大学课程设置委员会公布的信息显示，该学年最受学生欢迎的选修课是——"幸福课"，其火爆程度和听课人数超过了哈佛大学的王牌课程"经济学导论"，而讲授者竟然是一位名不见经传的年轻讲师泰勒·本—沙哈尔。这一结果不仅震撼了哈佛大学，也震撼了整个美国。哈佛"幸福课"引起了前所未有的轰动，欧美等世界各地主流媒体都对其进行多次报道，哈佛"幸福课"亦被全世界各大企业领袖们誉为"摸得着幸福"的心理课程。

　　在座无虚席的哈佛"幸福课"课堂上，不仅有本校学生，还有外校学生，甚至一些学生的家长也慕名前来听讲，世界各地的新闻媒体工作者更是络绎不绝，大家都想目睹这门神奇课程的尊容，哈佛"幸福课"的影响迅速扩大。

在哈佛的校报上，学生们纷纷写下自己对这门"幸福课"的热爱："上这门课之前，听到'冥想'这个词，我会不以为然。但是现在，我惊奇地发现，它真的让我在接下来的几个小时里放松了。""我从记'感恩簿'中收获最大，在那里，我每天写下充满感激的事情。""我认识的每个上过这门课的人都说，这是他们在哈佛上过的最好的课。一位和我要好的女生说，它改变了她的生命，给了她一种看问题的不同视角，对幸福的理解也改变了。""上这门课，真是一种享受。它非常有趣，而且值得学生学习。"一位读经济学专业的本科生说："事实上，这门课并不会帮我拿攻读学位的学分。但比起其他课程，我更喜欢做这门课的作业。"

甚至助教们也说，自从上"幸福课"以来，一年中，身体出奇地好，心情也爽多了。"我改善了我的饮食、睡眠、人际关系，还有人生的方向感。这些对我来说，都是很重要的东西。"另一位助教称，这门课的出勤率平均在 95％ 以上，他说："它的奇妙之处在于，当学生们离开教室的时候，都迈着春天一样的步子。"哈佛"幸福课"带给人们神奇的力量，让不幸的人们走出痛苦，变得更加积极乐观。

本书汇集了哈佛"幸福课"最精华的教学思想和理念，结合当代大众普遍渴求幸福的心理需求，对我们为什么不幸福、什么才是真正的幸福、谁剥夺了我们的幸福、什么在阻碍我们得到幸福、怎样才能感知幸福等等问题分章讨论。并辅以日常案例，层层深入，从心态、情感、工作、财富、健康等几个方面解答了长期盘踞在人们心中的对幸福的困惑，并给出了详细的指导建议。对于目前快节奏、高压力生活下，年轻人心中普遍存在的消极情绪和迷茫感，无疑会起到良好的舒缓和引导作用，为大家指明幸福的方向和人生目标。从这个意义上来讲，《哈佛幸福课》也是一本极具励志意义的心理教科书。

目 录

第二章　你为什么不幸福

第三章　谁剥夺了幸福的权利

第二篇　追求幸福：幸福是至高的财富

第一章　汉堡代表的人生模式

序章一　风靡全球的哈佛幸福课

幸福课在哈佛大学选修课中排名第一

一直以来，幸福都是世界上所有人渴望得到的东西。更多时候，我们会认同一种观点："幸福如人饮水，冷暖自知"。也就是说，幸福似乎是没什么评判标准的，因此我们也无法用任何具体的语言来表述它。

如果告诉你，在哈佛大学，有一门课程就叫作"幸福课"，你会作何感想？你是否疑问幸福怎么也能变成一门课了呢？难道幸福也是能学会的吗？

关于幸福，我们并不陌生，早在小学就有这样一篇课文叫《幸福是什么》，文中通过美丽的姑娘与三个年轻人的谈话，使得三个年轻人都明白了幸福是什么。这个对话过程，我们也可以理解为就是一堂幸福课的教学。或许，在我们的意识里，幸福课应该是一起分享生活经验，而如果将它搬到课堂之上，难免会有一些生涩与尴尬。但是出人意料的是，在美国最著名的高等学府哈佛大学就有这样一门课程，这个被誉为"幸福课"的积极心理学课被选为 2006 年哈佛大学最受欢迎的选修课，听课人数超过了王牌课程"经济学导论"。而教授幸福课的是一位名不见经传的年轻讲师泰勒·本－沙哈尔。在泰勒·本－沙哈尔的课堂上，学生们不仅不会感受到生涩，反而会更加坚信，只要努力，完全可以更幸福。

被誉为"哈佛幸福课"的两门课程分别是积极心理学和领袖心理学，它们被哈佛学生们分别推选为最受欢迎排名第一和第三的课程。幸福课在哈佛的受欢迎程度超越了王牌课程"经济学导论"。在某种程度上，这也意味着讲师泰勒·本—沙哈尔本身也超越了著名经济学家曼昆教授，成为哈佛大学"最受欢迎的人生导师"。

这样的话一说出口，无形中就带着一种骄傲和自豪。但在外界看来，更多的是不可思议，或者是根本就不会相信。这种意料之外往往不是因为评选的结果，而是从结果中所反映出来的现象。当今世界趋势的发展，不容许我们质疑经济学在当下的重要性，哈佛大学以及哈佛经济学在全世界的地位和影响，我们闭着眼睛都能想到。在哈佛校园里，所有学生似乎都行色匆匆，刚刚上完一节课，似乎又在忙碌着如何找到某位导师，然后与他进行新一轮的讨论。然而，就是在这样的对学术要求极高的地方，一门看似平民的"幸福课"却后来居上，甚至超越了所谓的王牌课程。

往往在大多数人看来，"幸福课"可能就是一个励志的课程，无非就是教授与你谈天说地，用各种正面的词汇、成功的案例告诉你该如何积极向上、如何走向胜利。而哈佛可能只是为这样的励志课披上了幸福的外衣，其本质还是教我们如何成功的励志课程。可是结果表明，这样的常规性推测是错误的，座无虚席的课堂完全打破了人们的这种认知，这也引起了人们足够的重视。人们开始疑惑，难道真有通往幸福的方法？

幸福课在哈佛大学如此抢手，不禁惹来很多人的围观，想一睹它的芳容，看一看它究竟有怎样的神奇魔力，能够让这么多人站着听完每一节课。泰勒·本—沙哈尔说："在哈佛，我第一次教授积极心理学课时，只有 8 个学生报名。其中，还有 2 人中途退课。第二次，我有近 400 名学生。到了第三次，当学生数目达到 850 人时，上课更多的是让我感到紧张和不安。特别是当学生的家长，包括爷爷奶奶和那些媒体的朋友们，开始出现在我课堂上的时候。"可见，"哈佛幸福课"地位的上升也是绝对出乎泰勒·本－沙哈尔本人的意料的。哈佛校刊和《波士顿环球报》等多家媒体报道了积极心理学课在哈佛火爆的情景。如今，泰勒·本－沙哈尔已经成了哈佛红人。在哈佛大学，泰勒·本－沙哈尔成为哈佛大学历史上选修课人数最多的老师，平均每5个哈佛学生中就有一人选修他的课。其实被选择并没什么值得骄傲的，关键是这些选择的人并没有因为对课程失望而中途逃课或者再也不见其身影，而是踏踏实实地坐下来，并听进去了。

说到这，可能很多人都会疑惑，这究竟是一堂怎么样的"幸福课"，竟然吸引了那么多人的眼球。其实，原因就在于，在一周两次的"幸福课"上，大受学生欢迎的泰勒·本－沙哈尔博士没有大讲特讲怎么成功，而是深入浅出地教他的学生如何更快乐、更充实、更幸福。

原来这门"哈佛幸福课"不仅仅是一门单纯的励志课，更是一门真正带你进入幸福之门的课程。它向你讲述的是一个全新的幸福，一个人之常情的幸福。

最受欢迎的哈佛导师和他的幸福人生

自从"幸福课"风靡哈佛大学，泰勒·本－沙哈尔教授也不再名不见经传。在十多家著名媒体的专访和追踪报道中，关于泰勒·本－沙哈尔，早就不是一个"名不见经传"就能草草带过的了。媒体这样形容他：泰勒·本－沙哈尔是风靡世界畅销书《幸福的方法》的作者，他曾是以色列壁球冠军、世界壁球种子选手、哈佛大学年度最优秀的三名学生之一。他所讲授的"幸福课"一举击败曼昆教授的王牌课程"经济学导论"，成为哈佛最受欢迎的课程，被誉为"最受欢迎讲师"和"人生导师"。他的课程具有不可思议的社会影响力，他的著作也风靡全世界，被翻译成16种文字在全球近20个国家和地区出版……这个前缀后缀极多的人就是如今的泰勒·本－沙哈尔博士。

当然，这样说并不意味着泰勒·本－沙哈尔教授因为哈佛幸福课而一夜爆红。泰勒·本－沙哈尔的名不见经传源于他的低调，但这样的低调丝毫不掩饰他身上所具有的光芒。泰勒·本－沙哈尔博士毕业于哈佛大学，他拥有心理学硕士、哲学和组织行为学博士学位，十年来，他专门从事个人和组织机构的优势开发、自信心，以及领袖力提升的研究。除了教授哈佛大学的课程外，他还受聘为多家著名跨国公司的心理咨询顾问和培训师，他的课程因兼具实用性和可操作性，被企业家和高管们誉为"摸得着幸福的心理课程"。

事实证明，是金子总会发光，绝不会因为其附着泥土而有改变。媒体对泰勒·本－沙哈尔的关注，不是从追捧开始，而是从疑问入手："你看起来很年轻，你能理解并传播什么是真正的幸福吗？"

泰勒·本－沙哈尔微笑着回答："幸福不是一种'经验'，而是一种'能力'。幸福不需要对抗挫折，不需要努力争取，而是取决于个人能掌握的心理力量。而积极心理学研究证明，这种'积极的心理力量'是可以'学习和练习'的，完全不在于年龄。"

泰勒·本－沙哈尔曾非常坦率地告诉媒体："我曾不快乐了三十年。"而正是这个不快乐三十年的人，却道出了幸福的真谛。这让我们更加好奇，究竟是怎样的经历，让一个不幸福的人开始向别人讲授幸福。

泰勒·本－沙哈尔自称是一个害羞、内向的人。他是哈佛大学非常优秀的学生，从本科到博士，一直成绩最优，主修哲学和心理学。曾作为哈佛大学最优秀的三名学生之一，被派到剑桥大学进行交换学习。他本人还是哈佛棒球队队长，曾带领球队获得全美棒球冠军。

"设立远大的目标，努力勤奋地学习，艰苦不懈地坚持，取得优异的成绩……这一切使我成为楷模。而我内心很清楚，这样令人羡慕的'成功'却让我感觉不到持久的幸福……但后来我不再严格要求自己，不再设定一个非要达到的目标。开始玩乐、自在、混日子……开始感觉真好，真轻松。但很快，我陷入空虚……"也许正是这种"空虚"的怂恿，让泰勒·本—沙哈尔开始找寻幸福的良方。

泰勒·本—沙哈尔注意观察周围的人，谁看起来幸福，他就向谁请教。他读有关幸福的书，从亚里士多德到孔子，从古代哲学到现代心理学，从学术研究到自助书籍等等。最后他决定去大学主修哲学和心理学。他的幸福观，逐渐清晰起来……

在专访中，泰勒·本—沙哈尔说："我的前半生是很顺利的，除了一点，我不快乐，而且我不明白为什么。也就是在那时，我决定要找出原因，变得快乐，于是我将研究方向，从计算机科学转向了哲学及心理系，目标只有一个，如何变得更快乐？渐渐地，我的确变得更快乐了。主要因为我接触了一个新的领域，但本质上属于积极心理学范畴，研究积极心理学，把其理念应用到生活中，让我无比快乐，而且这种快乐继续着，于是我决定将其与更多的人分享。选择教授这门学科，这就是积极心理学。我们将一起探索这一全新、相对新兴、令人倾倒的领域，希望同时还能探索我们自己。"

这可能正是泰勒·本—沙哈尔开设"幸福课"的初衷，在泰勒·本—沙哈尔看来，有很多课，都在教学生如何更好地思考、更好地阅读、更好地写作，可就是没有这样一门课，是教学生如何才能更好地生活。直到遇到了积极心理学，它彻底改变了他的人生。原来幸福就在于强大的心理力量；原来人有无限的潜能，却不为所知；原来每天可以体验幸福，而常常视而不见；原来心理的力量可以通过"练习"而变得更强大。于是他把艰深的积极心理学学术成果简约化、实用化，教学生懂得自我帮助的方法。

"我现在是世界上最快乐的人。因为我已经习得幸福的能力，并且我做着让我一生充满意义和快乐的事情——教授积极心理学。"

俗话说："事实胜于雄辩！"宣传得再厉害也没有用，描述得再花哨也不足以证明什么，因为这仿佛就成了推销广告一样，可是哪怕是广告，也是需要一两个实战案例以证明其实用性的。同样的，当我们在学习某项技能的时候，我们也期望着能收获某种功效，并以此来激励更多的人学习。然而，"幸福课"之所以能走出哈佛课堂，不仅仅是因为积极心理学本身的魅力，也是由于泰勒·本－沙哈尔教授把这门课讲得够好，而正是这个极富魅力的"哈佛幸福课"让泰勒·本－沙哈尔教授成为哈佛最受欢迎的老师之一。

泰勒·本－沙哈尔教授对幸福课的喜爱是发自内心的，每每谈到幸福时，泰勒·本－沙哈尔总会笑着说："其实每个人都在完全的幸福和完全的不幸之间，没有完全的'幸福'和'不幸'。幸福应该是一个不断的、更幸福的过程。我自己比五年前更幸福，我希望以后比现在更幸福。有效运用积极心理学去面对工作和生活，你会发现自己离幸福更近一步。"

泰勒·本－沙哈尔教授用自己的亲身经历向哈佛学子重新诠释了幸福的意义。在这门幸福课的洗礼下，哈佛学子们纷纷向学校教学委员会反映，称这门课程"改变了他们的人生"，每一节课都让他们如沐春风，每当他们走出课堂的时候都仿佛"迈着春天一般的步伐"——相信这也正是泰勒·本－沙哈尔教授最为骄傲的事情。

一座连接心理学和幸福生活的桥梁

自从众多媒体报道了积极心理学课程火爆哈佛，泰勒·本—沙哈尔也在思考自己的课为何能火起来："如何解释哈佛大学等高校对积极心理学热切的需求？是因为在当今社会，抑郁人群越来越多？还是 21 世纪的教育或西方的生活方式使然？"

据哈佛一项持续 6 个月的调查发现，学生正面临普遍的心理健康危机。调查称：过去的一年中，有 80％的哈佛学生至少有过一次感到非常沮丧、消沉，47％的学生至少有过一次因为太沮丧而无法正常做事，10％的学生称他们曾经考虑过自杀。

其实，积极心理学并不是从泰勒·本—沙哈尔教授开始的，可以说，泰勒·本—沙哈尔的"幸福课"的成功，其实是积极心理学的一个质的变化。可能在大家还不知道积极心理学的时候，它就已经悄悄地在地球的某个地域生根发芽。几千年来，我们都在找寻一种途径来结束我们的烦恼和困惑，让自己过上一种真正幸福的生活。

无论给积极心理学披上什么样的外衣，说到底，它仍归于心理学的本源。说到心理学，可能大家都有所了解，心理学是研究人和动物心理现象发生、发展和活动规律的一门科学。它研究的领域主要包括神经科学即想象、发展心理学即思维、认知心理学即记忆、社会心理学即语言、临床心理学即意识这五个子领域。在这五个领域当中，可能我们从没有想过，究竟哪一个领域是与我们的幸福生活息息相关的。

不知道你有没有尝试着来猜测一下父母的心理，你可以试着与父母来一场互动，你可以试着与你的父母谈谈你出生那天的情况。当然，你要了解的不是当时的时间、地点，或者过程，而是他们第一次看见你时的感受和心情。可能在很多人看来，一个孩子的降生就只是家庭里多了一个人，却很少有人能从中读懂所谓的幸福。那是一种夹杂着恐惧和希望的情感，恐惧的是不知道你是否健康、安全，不知道他们能不能照顾好你；希望的是你能快乐，过一个充实幸福的人生，希望你能有天赋和能力，并且很好地发挥这一切，希望将来有一天，你可以建立自己的家庭……现在，有很多孩子总是抱怨父母不够关心自己，自己并不幸福。其实，是我们自己错了，幸福不是别人给的，而是自己来发现，自己来经营的。如果你永远抱着消极的心理来看待父母的爱，那么你只会沉浸在抱怨之中，而如果你用积极的心态来感受父母的爱，理解父母的爱，那么你就会幸福。

我们总说，生命只有一次，因此我们不能浪费。我们还说，生活没有捷径，因此你能做的就是踏踏实实地走好你脚下的每一步。的确，人生的可贵就在于它的唯一性，正是这种唯一性，要求我们要好好地生活。幸福是所有人穷尽一生都在追求的东西，不论年龄的长幼，财富的多少。那么如何实现这个目标？如何在合理利用手中资源的基础上，真正踏上幸福的彼岸？这时候我们就需要一个助推器，这个助推器就是积极心理学。从这个角度讲，积极心理学又是一座连接心理学和幸福生活的桥梁。

积极心理学是美国心理学界兴起的一个新的研究领域，它是指利用心理学中比较完善和有效的实验方法与测量手段，来研究人类的力量和美德等积极方面的一个新的心理学潮流。在积极心理学产生之前，对幸福（提高我们的生活质量）的研究主要是由大众心理学所占领。在众多的培训和书籍中，我们确实可以发现很多的乐趣并被深深地感染，但是它们缺乏实质性的内容。它们所保证的"幸福的五大步骤""成功的三大秘密"以及"四种找到完美爱人的方法"等等，通常是空头的承诺，以至于多年后人们对"自我激励运动"嗤之以鼻。

在学术方面，曾经有许多著作和研究极富实证性，但却无法应用于生活之中。在泰勒·本－沙哈尔教授看来，积极心理学就是连接象牙塔和日常生活的桥梁，它既有学术的严谨性与精准性，同时也具备自助运动给人带来的愉悦和乐趣。

马丁·塞利格曼被认为是积极心理学之父，他与一群相关学者于 1998 年确立了这一领域，并担任美国心理协会会长。他任职期间的首要任务是实现两个目标：第一，让学院式心理学变得通俗，也就是说，连接起象牙塔与普罗大众；第二，引进一个积极的心理学，需要着眼于有用的东西，不仅仅是研究抑郁、焦虑、精神分裂、神经症，还需要关注爱、两性关系、自尊、动机以及幸福感。他提出的这些理念，从那时起便蓬勃发展起来。

"哈佛幸福课"走红以后，泰勒·本－沙哈尔接受了很多的采访，采访中泰勒·本－沙哈尔提到，埃伦·兰格教授和菲利普·斯通教授带领他进入了积极心理学领域的研究。

1999 年，菲利普·斯通教授首次在哈佛开设了本课程，这在全球范围内也是首批，而那时的泰勒·本－沙哈尔还只是他的教研员。两年后菲利普·斯通又重新开设了课程，泰勒·本－沙哈尔仍旧担任教研员，后来泰勒·本－沙哈尔毕业后就接手菲利普·斯通的课程，直到今天——这就是 1504 号心理学课程。

泰勒·本－沙哈尔介绍这门课程时说："首先，这门课不光是传授信息，还要传授如何变形，这是什么意思？如今大多数教育都只是传达信息，什么是信息？比如，我们有一个容器，也就是我们的思想，信息就是接收数据，接收科学，储存到容器里，这就是信息。等容器填满了，我们就毕业了，信息数据越多越好，这还不够，因为信息无法决定我们的幸福感、成功、自尊、动机水平、两性关系及其质量。光有信息还不够，变形则是把容器的形状改变，'trans'即改变，'form'即形状，改变形状，这就是变形。"

目前，社会中的大部分自助运动都存在"承诺多，效果少"的通病，原因是它们缺乏科学研究的证据支持；与之相反，经过学术研究的成果，基于严格的考证与实践，具备更大的实证性。而且，研究者从来不随便保证。也正因为如此，他们所保证的一般都会实现。

积极心理学打破了一百多年来传统心理学只关注失败和障碍的旧模式，它并不针对解决心理问题，而是关注积极力量和积极品质，研究如何让人活得更幸福。可以说，它就是连接心理学和幸福生活的桥梁。

积极心理学是连接学术成果与日常生活的桥梁，它所提供的方法简单而且非常容易实施，但这种简单性和可及性又与自助运动有着本质的不同。积极心理学告诉人们，幸福不是可望而不可及的，幸福可以通过学习和练习后养成习惯。积极心理学被称为国际心理学界的第四次浪潮，这是一门关于幸福的科学。

美国最高法院的法官奥利弗·温德尔·福尔摩斯曾说过："无知，与复杂无关，对此我不屑一顾；简单，是对复杂的超越，对此我奋不顾身。"福尔摩斯所看重的简单，是经过探索和研究，以及深思和测试而得到验证的本质性结果，而不是那些没有根据凭空猜测的结论。积极心理学家深入探究现象本质及事实真相，从复杂回归简单，最终产生可行的想法，实用的理论，还有简单而有效的技巧。那么就让我们跟着积极心理学的脚步，渐渐走进幸福的生活。

哈佛幸福课正从美国走向世界

泰勒·本－沙哈尔的"幸福课"在哈佛大学受到如此大的欢迎，在美国也产生了较大的影响。泰勒·本－沙哈尔的教学及思想，受到美国及其他国家主流媒体的积极关注与报道，其中包括美国 CNN 电视台、英国 BBC 电视台、新英格兰有线电视、《波士顿环球报》《纽约邮报》《纽约时报》《福克斯新闻》《英国时代报》《韩国时报》《印度日报》等。正是这些媒介，将"哈佛幸福风"从美国吹向了世界。

事实上，泰勒·本－沙哈尔并不是 2006 年才研究幸福课。早在 1995 年，泰勒·本－沙哈尔就开始着手研究积极心理学，而且，他并不像媒体报道那样名不见经传。相反，他在积极心理学的研究领域里一直都非常优秀。

1995 年至今，泰勒·本－沙哈尔为以色列、美国、罗马尼亚、英国、新加坡、印度尼西亚和印度的多家企业进行组织行为咨询，包括壳牌公司、英国阿威莫光电公司和佐迪艾克海运公司。泰勒·本－沙哈尔在美国为 500 强企业的领袖及高层管理者培训，其课程因实用性和可操作性，被誉为"摸得着幸福"的心理课程。

根据以上记载，我们可以说泰勒·本－沙哈尔从 1995 年就开始了这种"幸福课"的教学，这就为 2006 年"哈佛幸福课"爆红美国风靡世界提供了有力的证据。正是他在世界各国的活跃度和知名度，使他成了全美课酬最高的积极心理学大师，甚至邀请他讲课需要提前一年预约。

那么，我们不禁疑惑，既然泰勒·本－沙哈尔在世界各国都如此出名，为何在美国却直到十年后才一朝成名呢？难道最发达的美国竟也成了埋没人才的地方了？

据泰勒·本－沙哈尔介绍说，在美国，目前已有 200 多所高校开设了积极心理学的相关课程，发展速度非常快，而他几乎每天都能接到多封电子邮件要求了解积极心理学的教学内容，这其中不仅有美国的高校，还包括巴西、澳大利亚、韩国等国高校。泰勒·本－沙哈尔还介绍说，目前美国的抑郁症患病率比起 20 世纪 60 年代高出了 10 倍，而抑郁症的平均发病年龄也从 20 世纪 60 年代的 29.5 岁下降到今天的 14.5 岁。美国乃至全球对积极心理学的需求从未像今天这样迫切。

针对这一情况，泰勒·本－沙哈尔说："越来越多的人想解决一个悖论——财富带给我们的好像并不是幸福，人们开始在积极心理学中寻找答案。我认为幸福才应是至高的财富，而金钱或声望绝不是用来衡量生命的标准。哈佛大学等多所高校对积极心理学的热切需求，是因为人们想变得更快乐、更幸福，想更多地了解自己，更多地了解别人，改善我们的生活。"显然，泰勒·本－沙哈尔的这一主张，与整个社会的需求不谋而合了，从而更加坚定了"哈佛幸福课"在美国走红，并在世界风靡的必然性。

有一点我们必须要认识到，那就是"幸福课"是值得被我们所推广的。现代社会，当今的教育已形成严重的"幸福饥饿"。家长和学校过度地看中所谓的功名，只相信结果而不重视过程，只知道贪婪而不愿满足，只知道疲劳而不知调节，这样的不可持续发展，幸福又从何而来？

英国教育家斯宾塞说："即使是一个天才，也有可能被不快乐所扼杀。"美国作家塞尔登也说："社会变得越来越富有，但并不一定会使人们更加快乐。"凡事总是要用实际来说话，美国宾夕法尼亚州大学心理学教授马丁·塞利格曼的研究结果发现，财富、学识与青春对人们快乐与否的影响都是相当有限的；而亲情、友情和信仰更能让人感到快乐。他指出，快乐由三项要素构成：享乐（让人高兴的生活体验）、参与（对家庭、工作、爱情与爱好的投入程度）和意义（发挥个人长处，达到比我们个人更大的目标）。因此，不懂得幸福的人，心灵是残缺、脆弱的，不具备最起码的抵御力。有调查显示，曾有自杀意念的在校学生占调查者的 10.9％，曾做好自杀准备的学生占 4％。不知何谓幸福，就不懂得珍惜，活下去的理由和意义也必将打折，来自生活的困难也就无法转化为一种精神动力。

　　教育不仅是知识的加速器，更是人格、快乐、幸福的加速器，这才是教育的终极目的。在西方国家倡导"幸福成长"的时候，我们没有理由不将这种精神资源同时传播给中国的大众，尤其是亿万个正在幸福中成长的孩子。

　　其实，对于幸福的认知和追寻绝不仅仅是从美国开始的。2009 年，英国惠灵顿学校特意开设"幸福课"，教授学生幸福到底是什么。该校校长安东尼·塞尔登说："一直以来，我们过于关注学业，而忽视了一些更重要的东西。我认为，任何一所学校最重要的工作就是培养出快乐、让人放心的学生，这比落实教育部发布的任何通告都重要。"

　　2009 年，惠灵顿学校计划从下个学年开始在 10 年级和 11 年级开设"幸福课"。此外，学校还将举行一些关于幸福的讨论会。英国的 10 年级和 11 年级相当于中国普通高中一年级、二年级，学生的年龄通常在 14 岁至 16 岁之间，他们即将面临普通中等教育证书考试。"幸福课"计划每周上一次，内容由心理学家、剑桥大学刚成立的幸福学院院长尼克·贝利斯设计。

　　贝利斯是一名心理学家，同时也是剑桥大学刚成立的幸福学院院长。英国的这门"幸福课"还将教授学生如何在逆境中获得成功，"将让学生们以一些人为榜样，例如美国'环法英雄'阿姆斯特朗，学习他如何将伤痛和悲愤转化为精神动力，反败为胜。"阿姆斯特朗曾战胜癌症，连续 7 年摘得环法自行车赛桂冠。

　　从这里我们就能够一窥"哈佛幸福课"从美国走向世界的踪迹。在世界范围内，人们对于幸福的追求，就如同音乐的传播一样，成为通行的语言。幸福在任何国家都那么受人追捧，由于泰勒·本－沙哈尔出色全面深入的讲解，美国成了"哈佛幸福课"最初的大本营，它正是从这里走向世界。

哈佛"幸福培训课程"在中国

哈佛"幸福培训课程"登陆中国，这点我们是绝对能够理解的。试想，风靡世界的"哈佛幸福课"怎么可能会错过中国这个面积约占全世界陆地面积的 1/15、人口约占全世界总人口 1/4 的地区。"我们越来越富有，可为什么还是不开心呢？"这是绝大多数成功人士来参加培训的原因。这些成功人士中有不少中国人。他们也疑惑，究竟是怎样的课程，竟能帮助他们达到幸福的彼岸？

2007 年 7 月，泰勒·本－沙哈尔来到中国，在北京郡王府开设了幸福培训课程。引进该课程的亚洲积极心理研究院首席研究员汪冰介绍说，泰勒·本－沙哈尔先后于 2007 年的 4 月份和 7 月份，在中国进行过两次培训。第一期报名的学员只有 10 人，第二期参加培训的人数增加到 20 人。他已先后给 30 人培训过"感知幸福的能力"。参加培训的大部分是企业家，包括上市公司的老总和跨国公司驻华代表。

2007 年 11 月，36 岁的泰勒·本－沙哈尔教授携他的"幸福课"再次来到了中国。穿着蓝色衬衣，打着黄色蜂巢式的领带，黑发，一副无框眼镜的哈佛大学教授泰勒·本－沙哈尔，给人一种东方人的气质。欧洲金融集团银行代表处代表胡海燕描述第一次见到泰勒·本－沙哈尔时的情形："泰勒很像东方人，比较羞涩。进入到会议室的泰勒，脸还有些红，都不好意思跟我们打招呼，低着头，直奔到自己的座位上。"也许这就是泰勒与东方的缘分，也是他与中国可能会有的交情的前奏。

虽然泰勒·本－沙哈尔的性格比较腼腆，但是柔和细腻的语调仍给我们以极大的启示。泰勒·本－沙哈尔在中国的这几次培训中，书法家席殊也有幸来了一把"幸福"体验。在席殊看来，外国老师一般都不这样，尤其是美国的老师，进门就"hello"，一下子就把气氛掀起来了，但是泰勒·本－沙哈尔不一样，他以他独有的方式向人们讲述着所谓的幸福。

可能这也是泰勒·本－沙哈尔高明的地方，他没有像其他教授一样，一开始就宣扬他的课程多么多么好，三天就可以让你达到多么幸福的状态等等，他却是用了一个冰山测试解开学员心结，从而达到师生最佳的沟通状态。他从椅子上站了起来，转身走到身后的白板上，在上面画出了一道抛物线，在抛物线上方六分之一的位置上，一根横线与抛物线两端交叉而过。"让我们画一座冰山，看我们自己作为领袖人物，有什么特征？"他说。

在场的 20 名学员作为各个公司的领导者，在下面纷纷议论："是不是让我们说自己有什么潜能？"

"假设领导力是一个冰山，上面的 5％ 到 10％ 是我们能够看到的作为领导人物的特征，比如说名气、荣誉。请大家说说能代表领导者的特征还有什么？"原来泰勒·本－沙哈尔不是在讲领导者潜能的问题。

"追随者""影响力""激情""魅力"。学员们纷纷回答。

"那么冰山之下呢？"

"孤独"，当第一个学员说出来这个词汇后，底下沉寂了一会儿，"恐惧""压力""劳累""嫉妒"……学员们开始抱怨起来了，由此话匣子被打开了。

这就是泰勒·本－沙哈尔，他用一个简单的方法拉近了与学员的距离。正是这种被理解才让人们愿意去探讨如何改善这种状态，使自己变得幸福。培训结束后，参与培训的学员们反映，他们都获益匪浅。

欧洲金融集团银行代表处胡海燕说："刚开始，我并没有想到自己的收获会这么大。在欧洲生活了多年，回国后起初有一点很不习惯。不仅仅是我自己，在当下很多人对自己的状态不满意，上普通大学的羡慕上清华的，蓝领羡慕白领，白领羡慕金领。跟出租车司机聊天时，90％的人要么抱怨自己学历不高，要么就抱怨家庭不美满。以前我以为是教育的、文化素质的问题，上了泰勒的课之后，我才发现自己错了，其实这就是价值观的问题。

"上了泰勒的课之后，我把课堂上体会到的心得运用到了与母亲的关系中。我的母亲身体不好，而且还有抑郁症。以前我总是觉得她有问题，总想教育教育她。现在我意识到我应该多从妈妈的角度去考虑。她身体不太好，我就告诉她，我们能活到多少岁，谁都不知道，但是我们活着的每一天都要幸福，我要创造这种幸福的感觉给她。在这样的状态下，她也开始高兴了起来，情绪发生了很大的变化。"

书法家席殊说："现在我每天早晨起床打坐冥想 10 分钟，这已经成了生活习惯，晚上临睡前，还要冥想一次。这些习惯是从泰勒那里学到的，才形成两个多月。参加这个课程是因为里面有'积极'和'幸福'吸引了我。"因为这次经历，席殊甚至萌生了要当一名积极心理学讲师的想法。

……

其实，发出这样感慨的人很多，大家都在课程之后交流着自己的所得所获，这也更加有力地证明了"哈佛幸福课"所具有的现实意义。泰勒·本－沙哈尔的中国之行后，国内许多地区也开始借鉴西方"幸福课程"的经验，走上了寻找幸福的征程。

"轻松"一直是"哈佛幸福课"所遵循的原则，泰勒·本－沙哈尔也就是依从这一原则来上课的。在轻松的氛围中，泰勒·本－沙哈尔希望"幸福课"能让学生重新思考人生的价值，找到幸福的奥秘。

正在哈佛攻读心理学博士学位的上海女孩朱成通过越洋电话告诉记者，这门课"作业量要求偏低，每周写篇日记就好，阅读量也不大，在哈佛，每门科目一周阅读 500 页是常事，可这门课一周只需读几篇文章。"

借鉴"哈佛幸福课"的宗旨，中国也搞起了自己的"幸福课"。在济南市甸柳新村第一小学开展的幸福教育课程中，每一位老师的办公桌边都有一把小椅子，办公桌上有写着"孩子请坐"的牌子，来办公室的学生可以坐下来与老师交流，体现出师生平等、和谐的愉快氛围。

可见，对于我们中国人来说，学习积极心理学也是非常有必要的。正因为如此，我们编写了这本书，将积极心理学有关幸福的内容介绍给广大读者朋友。

积极心理学帮你度过幸福危机

在"哈佛幸福课"爆红之后，外界对于这一现象也做了大量的调查，人们都很疑惑为什么"幸福课"能够如此红火，红火程度甚至超过了更注重实用性的经济学。哈佛大学一项持续 6 个月的调查发现，学生们正面临着普遍的心理健康危机，普遍缺乏幸福感，他们认为追求幸福的道路上充满危机。

人生活在这个世界上，肯定需要一个生存之道，只有安生才能够得以立命，可是在如今的社会，可能你不知道什么时候就会面临失业的危机。金融风暴的到来，不免让人感到幸福岌岌可危。正是因为在当今社会安身立命的艰辛，我们往往会执着地追求物质生活的丰富。可是，当物质生活得到满足之后就会感到特别空虚，幸福仿佛早已远去。

但是，仔细想想你就会发现，我们与其花大力气去探寻各种不幸的原因，不如先想想幸福来自哪里。同情、理解、宽容、利他、乐观、坚持等，都是构建幸福的关联词，同时也是每个人都具有的积极力量。我们为什么不去研究这些积极力量，使其成为帮助我们获得幸福的好帮手呢？如果一味地研究生活中的各种不幸，我们面临的任务也许就成千上万，直到人类灭亡的时候都可能解决不了，而如果我们反过来研究幸福，通往幸福的路可能就在脚下。

有这样一则故事：天使时常到人间帮助那些遇到困难的人，希望人们能够感受到幸福的味道。

一日，他遇见一个诗人。诗人年轻、英俊、有才华且富有，妻子貌美而温柔，但他却过得并不快乐。天使问他："你不快乐吗？我能帮你吗？"诗人对天使说："我什么都有，只缺一样东西，你能够给我吗？"天使回答说："可以！你要什么我都可以给你。"诗人直直地望着天使："我要的是幸福。"这下可把天使难倒了，天使想了想，说："我明白了。"

随后，天使破坏了诗人和他妻子的感情，夺走了诗人的才华，毁掉了他的容貌，没收了他的财产。天使做完这些事后，便飘然离去了。等到有一天诗人饿得半死、衣衫褴褛地躺在地上时，天使把他的一切还给了他。这时，诗人搂着妻子，才懂得幸福就在身旁。

其实，诗人之所以觉得自己不幸福，主要还是在于个人的心态，他总是想着自己处于不幸之中，如果你对生活充满抱怨，生活也不会给你多灿烂的笑脸。当然，发现幸福不一定非要尝到失去的滋味，幸福的人首先得有一颗发现幸福的心。

对于幸福的衡量既然源于人的内心，那么，学习积极心理学就显得更为必要。其实，仔细想想生活中发生的一些事情，你会发现每件事情我们都会以一种积极或消极的方式来面对。那么，学会怎样用一种积极的方式来面对就至关重要了。

首先，多角度思考产生问题的根本原因。一个问题之所以会发生，肯定有它特定的原因，原因本身并不重要，重要的是我们怎样去看待它，也就是我们怎样对它进行心理归因。比如你兴高采烈地和朋友去逛街，结果钱包被小偷偷了，这时候你是气自己太不小心，还是气小偷"生财有道"？想想失马的塞翁，最后的结果谁又料得到？

其次，从问题本身获得积极体验。问题可能是一种消极（或不幸或困难）的情境，但我们应该在消极中寻找某些积极意义，促使消极向积极转化。例如，随着年龄的增长，爱漂亮的女人有了鱼尾纹（消极）、爱运动的男士身体活动能力开始逐渐下降（消极），但是当初那个十指不沾阳春水的女孩有了主厨级的烹饪水平，那个克制不住自己脾气的火爆小子也变得成熟稳重了（积极的意义）。再如，我们提交了一个方案被上司驳回了（消极），但通过修改解决问题后，我们也获得了能力的提高、上级的赏识、同事的羡慕以及自己的成就感（积极的意义）。所以，应正确看待积极和消极，它们构成了矛盾的两方面，也造成了完全不同的两种人生。这如同人的存在一样，人总是在生与死、得与失、自主与依赖的矛盾中存在，从某种意义上说，人没有失去也就没有发展。

积极心理学也被称为"帮助人类发挥潜能的科学"。1998年，时任美国心理学会会长的马丁·塞里格曼将积极心理学作为一个新的心理学领域正式提出。积极心理学提倡用一种开放和欣赏的眼光来看待每一个人，强调心理学要着力研究每一个普通人具有的积极力量。这里所谓的积极力量，就是指正向的、具有建设性的力量和潜力。为了找到幸福生活的精髓，积极心理学家们与其他社会科学家和哲学家一起，投入了足够多的时间和巨大的精力，正是为了找出纷繁现象背后简单的实质。

在一次实验中，塞里格曼的一个博士研究生给老鼠注射了癌细胞，将老鼠安排在不同的环境中。第一组老鼠可以通过逃避（如抓碰开关）而成功地摆脱电击（乐观组）；第二组则在第一组成功逃避电击时被电击，因为前者碰到开关的同时接通了它们的电击线路，它们无论如何也逃避不了电击；第三组老鼠在没有危险的环境中。结果第一组老鼠中患癌症的大约只有1/4，第二组为 3/4，而最后一组有 1/2 得癌症。

通过老鼠的实验，说明积极有效地应对危险，可以提升身体的免疫力。这再一次证明了积极心理学可以帮我们度过幸福危机。目前，在美国有 100 多所高校开设了积极心理学课程。虽然在世界范围内，积极心理学还没有如此大范围地开设，但是我们越来越清晰地认识到积极心理学的确能够帮我们度过幸福危机。

不只是讨论"美好生活"那么简单

追求幸福生活是人类发展过程中长期探讨的问题。回顾历史，我们不难发现，在不同社会阶段会周期性地回归到对"理想的人"和"幸福生活"这些问题的讨论上。而对于什么样的生活是好的、是幸福的，在不同时期和不同文化背景中有不一样的标准或理解。在不同历史时期，不同地域、不同文化的人通过不同的方式寻找快乐。因此对幸福的标准是什么，如何到达幸福生活的彼岸的讨论是仁者见仁、智者见智。

最开始，大家认为积极心理学可能都是教人如何励志、如何成功的，当得知这并不是一本成功学读物之后，可能又有人认为这是一本为我们探索如何才能美好生活的书……的确，当积极心理学出现在大众媒体的视野里时，似乎所有人在排版时都插上了一幅哈维·贝尔的插画——古板的笑面人。

《古板的笑面人》是一位马萨诸塞州的插画设计者哈维·贝尔在 1964 年为一家保险公司所做的插画，并得到 45 美元的报酬。这家保险公司和哈维·贝尔本人都没有申请这幅画的版权，可能正因为如此这幅画才如此流行。

画中，哈维·贝尔带着他独有的骄傲笑吟吟地看着读者，而正是这样的笑误导了绝大多数读者，使得人们认为积极心理学是研究快乐的科学，更准确地说，是研究肤浅的快乐表象的科学，积极心理学不过就是讨论"美好生活"那么简单。

很显然，这样的想法是很片面的。在其他条件相同时，微笑的确是表示快乐的，并且人们愿意看到微笑。但是微笑并不是证明生活价值的绝对依据。当我们高度投入到让人开心的活动中，当我们发自内心地表达想法，或者当我们做了什么光荣的事情，我们可能微笑也可能不笑，并且在那一时刻，我们可能感觉愉快也可能并没有感觉。而这些都是积极心理学研究的重点，它们已经超出了讨论美好生活、分析快乐的范畴。

就拿泰勒·本-沙哈尔本人来说，"哈佛幸福课"在世界范围内走红后，他也在不断地问自己："为什么学习积极心理学课的人越来越多？"他分析说："我认为主要是自己在教授过程中注重了两个层面。第一个层面是学术层面，学生们也要考试、测验、写论文，和其他课程所要求的一样；第二个层面，就是把教授重点放在心理学知识怎样应用到我们的生活和实际中，怎样运用这些知识帮助我们改善生活，提升生活质量。我发现每一个来学习的人都有把所学运用到日常生活的强烈愿望。也正是第二个层面使我的课堂有吸引力，并受到学生欢迎。学生们感到上课之后生活得到改变，使他们的生活变得更好，这就是课程吸引人的最大原因。"

泰勒·本-沙哈尔说自己教学的心态就是一个积极心理学的实践者。"一个老师做得最好的事情就是做他自己，但做自己也是很讲技巧的。"在教学的过程中，泰勒·本-沙哈尔一直都很腼腆，他曾很崇拜的两位老师，一位有很强的思辨能力，另一位只要课程开始5分钟就能调动大家情绪，甚至能使学生一直笑到结束。他也努力想做一位这样的讲师，可惜失败了。渐渐地，泰勒·本-沙哈尔便放弃了模仿他人，而是寻找适合自己的教学风格。

后来他想了一个方法，他去找了一些喜剧演员录像，而这些录像中的表达方式、观点内容正好和课堂教学需要相吻合，于是他就在课上播放喜剧演员录像，这种方式同样能让同学开怀大笑，课堂气氛也非常好。于是，泰勒·本－沙哈尔得出了自己的结论："作为一位老师，我认为教学要集中做好自己擅长的部分，用你的优势代替你的劣势。但是做自己擅长之事并不是完全忽视别人的优点，而是用其他的一些方式和手段来补充，'借'人之长补己之短，你的课堂依然会很吸引人。"

任何一位老师都希望在学生面前树立一个无所不能、完美坚强的超人形象，但很快便发现，这是个绝对错误的做法。这不仅会使老师觉得很累，在每次上课时都会非常紧张，怕被发现面具下真实的样子。同时，也给学生指引了一条永远走不通的、错误的道路——成为"完人"。而完全释放自己之后，你的坦白，真诚会唤起你的学生和你一起做一个真实的人，而非伪装的"完人"亦是"圣人"——在学生面前做一个自然的自己，反而让你更受尊重。

泰勒·本－沙哈尔用他自己的亲身经历告诉我们，"美好生活"对每个人来说都是不一样的，可能幽默的方式对于别人来说是最合适的，却恰恰不适合泰勒·本－沙哈尔。正是由于个体对生活的追求不同、目标各异，实现理想的方式方法也各不相同。是否可以简单地将"幸福生活"的标准建立在实现个人生活目标这个基础之上还有待于讨论。

塞里格曼曾提出，心理变态者在连环杀人案中获得快意，恐怖分子袭击高楼大厦获得自我价值的实现，他们都实现了自己所追求的幸福生活。从个人意义上来说，犯罪分子从反社会行为中获得乐趣，实现了他们自认为的自我价值，而却摧毁了他人的幸福生活。这种幸福的获得以他人的痛苦为代价，由此引发了对幸福生活的标准是否只具有个人意义而超脱于社会道德准则之外的讨论。积极心理学对"幸福生活"的理解简单化，是心理学家们对其理论首先提出的质疑。

　　我们要确定"幸福生活"的内涵，不能脱离历史的、社会的、文化的标准。虽然对幸福生活的理解和实现的途径、方式具有鲜明的个人特点，但又不仅仅是个人理解和体验的问题，个人的幸福感还与他所爱的人健康、快乐的状况相关，因此也与所处的社会情境相关。何谓理想生活，单靠心理学这一个学科并不能做出完整的解答。讨论幸福生活的内涵和意义，不可能回避价值概念，不可能有脱离社会文化情境的所谓"价值中立"或"不带价值判断"的立场。对幸福的理解总是扎根于文化的土壤中。

　　其实，在积极心理学理论中，"幸福生活"主要由三个基本要素组成：与他人的积极联系、积极的个人品质、高质量的自我生活调节能力。追求幸福生活是全世界的人都一直在关注的问题，对幸福生活的理解在不同地区、不同文化情境下也是不同的。积极心理学认为他们的共同之处在于将幸福看作个体通过自己的努力实现目标时获得的情绪体验，个体是否具有实现目标的能力，则取决于个人及其在家庭环境中经验的积累。

泰勒·本－沙哈尔对幸福的十条心理建议

　　即便是一个幸福的人，也一定会在情绪上有起有落，但是在整体上，幸福的人还是可以一样保持着积极的人生态度，他会经常被积极的情绪推动着，很少被那些愤恨或是内疚的情绪所控制。在这样的人生中，快乐永远是常态，而痛苦则只是小插曲。

　　10多年前，泰勒·本－沙哈尔认识一个年轻人。他是律师，在纽约一家知名公司上班，并即将成为合伙人。坐在他的高级公寓里，中央公园的美景一览无余。年轻人非常努力地工作，一周至少工作60个小时。早上，他挣扎着起床，把自己拖到办公室，与客户和同事的会议、法律报告与合约事项，占据了他的每一天。当本·沙哈尔问他，在一个理想世界里还想做什么时，这名律师说，最想去一家画廊工作。但如果在画廊工作，收入会少许多，生活水平也会下降。他虽对律师这行很反感，但觉得没其他选择，因为被一个不喜欢的工作所捆绑，每天并不开心……

在泰勒·本－沙哈尔看来，这些人之所以不开心，并不是因为他们别无选择，而正是他们的选择，让他们不开心，他们错误地把物质与财富、快乐和意义画上了等号。我们完全可以想象，一个迫于家长的压力而学法律的人，是无法在其中找到长久快乐的；相反，如果是基于对法律的热爱而成为律师的话，那么即使遭遇到艰难险阻，也仍会觉得很幸福。

泰勒·本－沙哈尔希望他的学生学会接受自己，不要忽略自己所拥有的独特性，要摆脱"完美主义"，要"学会失败"。不同的人，往往会从不同的事里找到意义。创业也好，当义工也罢，在一个热爱它的人面前，这些都是能够带给自己幸福的事情。重要的是，选择目标时，必须确定它符合自己的价值观、爱好，符合自己内心的愿望，而不是为了满足社会标准，或是迎合他人的期待。"真我的呼唤"，就是使命感。

泰勒·本－沙哈尔在讲述"幸福课"时，除了用身边的案例为学生讲述如何才能幸福外，还为学生简化出十条小贴士，更方便学生快速找到幸福的真谛。

1. 遵从你内心的热情。选择对你有意义并且能让你快乐的课，不要只是为了轻松地拿一个 A 而选课，或选你朋友上的课，或是别人认为你应该上的课。这在大学里是很常见的情况，许多人喜欢选择一个容易通过的科目，不问自己喜欢什么，不求能学到什么，但求能够考试通过。这样的人即使在生活中，也是不愿意选择自己喜欢的工作，只希望能找到一份稳定、钱多、少操心的工作。可是工作稳定了以后，又陷入到无尽的不幸福的抱怨之中。遵从你的内心，即使你走得艰辛，但你仍将快乐。

2. 多和朋友们在一起。不要被日常工作缠身，亲密的人际关系是你幸福感的信号，最有可能为你带来幸福。友情的重要性在任何时候都是不容忽视的，人是群体性动物，一旦脱离了社会，远离了朋友，是绝对不会幸福的，即使拥有再多的财富也换不来与朋友相处时清脆的笑声。

3. 学会失败。成功没有捷径，历史上有成就的人，总是敢于行动，也会经常失败。不要让对失败的恐惧，绊住你尝试新事物的脚步。失败是人类生活的一部分，每个人都会在一些事情上遭遇失败，即使非常成功的人也会在很多事情上失败。意识到失败是潜在的一种积极经历，会让你获得新的自由——让你敢于尝试新事物，变得更加有创造力，从而走出自己的舒适区。如果你没能取得想要的结果，问问你自己："我从这件事情中学到了什么？"在你能从失败中吸取教训之前，你必须首先学会失败。而且，为了学会失败，你必须理解失败并且正确地看待它。

4. 接受自己全然为人。每个人都是优点和缺点的集合体，我们也常常会因为自己身上的一些缺点而对自己失望透顶，也可能因为某些事情的发生而对生活产生消极情绪。其实，失望、烦乱、悲伤都是人性的一部分。接纳这些，并把它们当成自然之事，允许自己偶尔的失落和伤感。然后问问自己，能做些什么来让自己感觉好过一点。

5. 简化生活。更多并不总代表更好，好事多了，也不一定有利。你选了太多的课吗？参加了太多的活动吗？应求精而不在多。往往会有太多的杂物塞满了自己的生活，有太多的事情需要去完成，它们就像山一样压在自己的肩上。但是如果我们试着用一种新的方式来简化生活，那就会取得不一样的效果。简化生活不需要也不可能一下子就改善，只要循序渐进地每次做一件事，就能达到目标。事实上，你只要抛弃一些鸡毛蒜皮的小事，做一些重要的事情，就能开始过简单轻松的生活，而这种生活同样也能给你带来幸福。

6. 有规律地锻炼。体育运动是你生活中最重要的事情之一。每周只要 3 次，每次只要 30 分钟，就能大大改善你的身心健康。正所谓身体是革命的本钱，只有身体健康，才能有力气感受到真的幸福！人的身体有一点点的不适，哪怕只是一点点的牙痛，或者是一丁点的感冒，都会让人感觉到浑身不舒服。即使身体无病，也会因为睡眠不够，或者精力不足而影响到一个人的心情和情绪。而适当的锻炼，不但能让人增强体质，减少疾病发生，更让人的精力时刻保持充沛。

7. 充足睡眠。平时工作时间太长也是影响健康的因素。日本有一项研究，以 40—79 岁的人为对象，发现每周工作超过 61 小时的人（如以工作 5 天计，每天已超过 12 小时），比每周工作 40 小时的人（即每周工作 5 天，每天 8 小时），心脏病发病率增加 2—3 倍。虽然有时熬通宵是不可避免的，但每天 7—9 小时的睡眠是一笔非常棒的投资。这样，在醒着的时候，你会更有效率、更有创造力，也会更开心。

8. 慷慨。现在，你的钱包里可能没有太多钱，你也没有太多时间。但这并不意味着你无法帮助人。"给予"和"接受"是一件事的两个面。当我们帮助别人时，我们也在帮助自己。

9. 勇敢。勇气并不是不恐惧，而是心怀恐惧，但依然向前。

10. 表达感激。生活中，不要把你的家人、朋友、健康、教育等这一切当成理所当然的。它们都是你回味无穷的礼物。记录他人的点滴恩惠，始终保持感恩之心。每天或至少每周一次，请把它们记下来。

设定有利于幸福的"幸福基准线"

关于幸福，我们每个人都有自己的理解，却不知道幸福其实也有自己的标准。用专业一点的话来说，我们把这样的标准叫作"幸福基准线"。其实，幸福基准线是一条似乎模糊，但却真真实实地存在每个人心中的线。它代表着我们如何回答"如果我可以拥有那些，我就会觉得幸福"这个问题。

我们的幸福感总是在一个幸福的基准线上下徘徊，就像我们所知道的"价格围绕着价值上下波动"。幸运的是，人的幸福基准线不是天生的，人们可以通过自我改变来提升自己的幸福基准线。所以，要想让自己变得更幸福，或者是比过去幸福，我们就必须提升幸福基准线。

幸福基准线随着我们的成长轨迹也在不断发展变化着。它就像跳高，一个高度跳过了，就适当地调高高度，第二次跳过了，又继续调高高度……随着一个高度的淘汰，另一个高度又会提上日程。幸福基准线对于小时候的我们来说，那是一个很简单也很容易达到的线，因为只要可以去便利商店买糖果，我们就开心得不得了。可是，随着年纪的增长，我们便学会了与别人攀比，期望别人有的脚踏车自己能有，别人玩的游戏机自己能有……似乎"拥有"成了一条新的幸福基准线。再大一点的时候，成绩的竞争，名次的前后似乎成了家长和老师对于幸福的评判，自己慢慢觉得不幸福，于是又调整自己的基准线，努力提高自己的成绩，让自己能够获得全新的幸福。终于等到我们毕业了，进入了社会，每当开同学会的时候，我们的这条线又不知道要飞到哪里去了，某同学的工作待遇、开的车、身上的行头甚至带来的同伴，几乎每一样都要令我们心头荡漾，暗自感觉自己的幸福绝对不该停留在目前所拥有的这些。

渐渐的，我们迷失了自己的幸福基准线，似乎与同学朋友物质上的攀比成为了一条新的准则。即使之后组了家庭生了孩子，也很有可能是因为身边的朋友都结了婚，自己也想找一个差不多的人结婚算了。但正是这样的将就，无形中也就降低了自己的幸福基准线，从而将就了自己的幸福。从此，这个幸福基准线开始像断了线的风筝飞上天际，我们就算好不容易费尽周折付出代价才达到了原来设定的目标，一下子它又无情地飞到了更遥远、更难追逐的境地。因为不知道什么时候开始，我们就已经迷失了自己所设定的那条幸福基准线。

在哈佛幸福课上，泰勒·本一沙哈尔常常听到有学生问他，是不是降低一些自己的期望就能够获得幸福呢？答案当然是否定的。举个例子，如果你本来期望自己拿满分，但是为了"满足自己的期望而不至于失望"，你就说："好吧，我希望达到60分。"结果你得到了70分，你会真正因此而惊喜、幸福吗？很多人都不会。同样拿结婚来说，眼看着别人都结婚了，你和你的家人都觉得你也该结婚了。可能之前你一直觉得应该找一个情意相投的，这样才能说是真正幸福的婚姻，但因为你想结婚，于是你降低了标准，只希望找一个能与你和睦相处、家人喜欢的对象，于是很快你遇到了那个人，然后你们便结婚生子。可是等到瓜熟蒂落的时候，回想中间走过的路程，你发现这是婚姻，却没有爱情。之后你能说你幸福吗？

其实，对幸福的追求是一种天然的能力，因为往往只有我们自己知道自己对怎样程度的幸福有反应，这条幸福基准线是我们无法伪装的。在心理学领域有一项研究成果：如果你是一个太看重结果的人，那么你达到目标后得到的幸福只能维持短暂的一段时间，然后你会回到原有的幸福感水平上。同样，如果你因为一件事情而感到挫败，一段时间后，你也会回到原来的幸福感水平上。

就拿一个中奖者为例，一个中了百万元大奖的人，在第一个月可能会非常的兴奋和幸福。但是过了六个月之后，他的幸福感又会回到当初的水平。同样，一个人如果遭受了挫败，他在那一个月里面感觉糟透了。等六个月之后，一切如常了，他的幸福感也会回到原来的水平。

的确，幸福感就像价格一样，随着市场起起伏伏。但是我们知道，白菜几乎永远不可能涨到钻石的价格上去——也就是说，我们自己的幸福感水平线决定了我们感受到的幸福在怎样的一个范围内波动。所以我们要想变得更幸福，就需要把自己的幸福感水平线往上调。这并不是说对待幸福我们总是不知足，总是吃着碗里的看着锅里的。其实并非如此，对于幸福恰恰是我们对自己、对生活所表现出来的更加积极的认知。

往往经历过世事的人都会慢慢调整自己的幸福基准线，仅仅是对于物质的追求也会慢慢在这条基准线上的比例降低，我们更多的是追求一种精神上的享受。我们珍惜、欣赏、品味自己所拥有的一切，并且为此感激上天，因为人要感到幸福，需要的其实很简单。这不是说我们一定要简朴刻苦，不能够有任何的享乐。我们不应过分看重外在的看法，外在的种种指标并不会真正影响你的幸福感，而内在的认知则是决定你幸福与否的根本。你看重结果，但发现过程也很重要；你在意形式，但也看重各种形式下包含的幸福的内容是什么。当你对生活有了另外一种解读的能力，你就真的获得了更多幸福的力量。

我们很确定，幸福基准线对于自己来说应该要停留在什么标准。只要我们能够把握好这条线，我们就变得很容易满足、很容易开心、很容易被身边的事物鼓励、也更容易欣赏、肯定身边的人。其实幸福可以很简单，而这样的道理本身也不难理解，但如果你无法把握幸福这条船的锚，把我们的幸福基准线稳妥地定在一个最基本的地方，那我们心中力争上游的声音恐怕还是会迫使我们傻傻地奔跑，费尽力气追逐本来就在身边的幸福，而最后得出来的结论却仍是"我不幸福"。因此，我们必须要设定好一条有利于自己幸福的幸福基准线，让自己更幸福。

序章二 你撞上幸福了吗

幸福不是一种自我安慰的幻觉

在现代社会，过于忙碌往往让我们迷失了自己。如果有人突如其来地问一句"你幸福吗？"可能会让你瞬间不知所措，因为在你看来，幸福可能就是一种感觉，当你幸福的时候很真实，而当你失落的时候，似乎它又很缥缈。

在很多人眼中，幸福可能只是一个词，是那些不为生活发愁的人的矫情与做作。试想，如果你三餐都吃不饱，哪还有什么时间来说什么幸福不幸福。而对于那些物质条件丰厚、精神生活空虚的人来说，幸福似乎也很奢侈，因为即使他们常把幸福挂在口中，也不过就是一种自我安慰和自欺欺人。其实，幸福对于所有人来说都是可以通过后天努力获得的，只要你愿意，它永远不是一种自我安慰的幻觉。

通常情况下，不同地域、不同年龄、不同经历的人对幸福的感受也都不一样。儿时之趣，是年长后无论如何也体味不到的；而情窦初开的女生与相恋者的一个拥抱或接吻，都觉得是幸福的。古把"洞房花烛"视为人生四喜之一，那喜可能本就是幸福的。但是每个人的幸福感是不一样的，除了外在的因素之外，幸福是自得其乐的结果，是一种自我的感觉。

正因为它是一种感觉，往往人们会因为经历一段短暂的幸福时光后留下的仅仅是失落的眼泪，这使他们确信，幸福可能只是一种自我安慰的幻觉。就像晋代的"竹林七贤",其实就是那些特立独行的人,他们不合流俗、蔑视法理。这是一种入世中的出世方式,没有这些经历的人那是断然理解不了的。可能这就是鸵鸟的幸福吧。

幸福是公平的,不管你是达官权贵抑或寒酸布衣,对幸福的感受并无不同。要紧的是那观察世界的眼光有着极大的差异。你生活在灯红酒绿的都市里,金钱欲望的满足当然会带来幸福感的,于是出卖自己也在所不惜;生长在鸡犬之声相闻的穷乡僻壤,辛勤地劳作之余,树荫下吹着凉风,那幸福的滋味,绝不亚于开着宝马,穿着名牌的大款了!

你不满足于现状,却总是用知足来说服自己时,知足其实就是一种自我安慰。如果一直安于现状,那社会不就不用发展了吗?可是不知足,是否就意味着幸福感偏离了方向了呢?其实并非如此,我们对于幸福的追求是无止境的,追求幸福需要我们不断地努力,而不是一味的自我安慰。沉浸在幻想中你能够获得一时的幸福,但是回归现实,你将更加空虚。

幸福总是相对的,是一个个体自我满足的程度,所以衡量起来也就不那么容易。你嫁给了要员或大款也未必是幸福的,因为生活中的幸福不仅仅是局限于物质,更多的是精神上的领悟。你生在一个穷山沟里,年复一年地劳作,在别人看来可能没有未来也没有希望,最终的结果也许会老死世间。但你自己可能还是感觉幸福,而且以这种自在的生活为乐。前者没有权利来笑话后者,因为幸福并不是一种自我安慰的幻觉,它是附着在实实在在的生活之中的,只要认认真真地生活,你就是幸福的。

很多时候幸福只存在每个人的内心,它与物质生活无关。如果饿极了,哪怕有个菜团填进肚皮里,那也就是幸福了。对一个绝望的生命来说,活着就是幸福。对于大多数人而言,平凡当然可以是幸福的,但幸福者未必非得平凡。幸福也可以存在于平凡和不平凡之中。有的人留恋细水长流，有的人惊喜于惊涛骇浪，不管哪一种，幸福都是你能够真切体会到的感受，而不是你闭目养神时候的自我安慰。

哲人如是说：存在即合理。而感觉是一种极不可相信的东西，以感觉为依托的幸福，永远不是真实的。虽然幸福是一种感觉，但幸福又不仅仅是一种感觉。我们追求的不是恍如隔世的梦幻，也不是奇思异想之后的满足，我们追求的应该是一种真真切切，一种能碰触抚摸之后的温存，一种曾经拥有和正在拥有的满足。

你幸福吗？很多时候，这不只是大人们才会关心的问题，它往往也是小孩子们谈论的事情。常常我们会听到"我幸福，因为我有爸爸。"类似的例子有很多，可能他们并不知道幸福究竟为何物，但是因为爸爸在身边，他就是感觉到这是一种幸福。

与幸福相似，美也带给我们身心的愉悦。美和幸福都不是幻觉，而是我们身旁真实存在的所有，我们感觉到了幸福，而这幸福已然存在。于是我们感念自己追求的存在，于是我们找寻着真实存在的幸福：幸福是妻儿回家后难得一家三口的相聚；幸福是等到好友的那个电话；幸福是一切收拾妥当后独坐电脑前想把生活感悟用文字记录的日子；幸福是夜晚一杯香茗，一首轻曲，与朋友畅谈的分分秒秒。

不用害怕你只是在一种自我安慰的幻觉中活着，因为就在你的呼吸之间，始终能感受到幸福的所在。可没有谁能看到它，它也不占用任何哪怕一丝丝空间。但它又是无限广阔的，因为它就是每个人的心间。

幸福是"寒塘渡鹤影，冷月葬花魂"的静雅；是"采菊东篱下，悠然见南山"的闲情；是"大鹏一日同风起，扶摇直上九万里"的自信；是"淡泊以明志，宁静以致远"的心境。幸福岂能是一种幻觉，幸福是一种真实的存在。

幸福是不需要辩护就拥有的权利

《当幸福来敲门》电影开头，克里斯就赞叹本杰明·杰弗逊怎么会想到把追求幸福作为一项权利写入美国独立宣言，相信这样赞叹的不仅仅是克里斯，还有很多的普通人。

的确，将幸福写入独立宣言中，这让太多人都在心中嘀咕。可能是由于人们紧张的神经，幸福似乎成了一个神圣的标志，让众人觉得它"只可远观而不可亵玩焉"！但是当人们在谈论幸福的时候，往往又总是处于焦灼状态。焦灼的往往不是自己是否幸福，而是在听了太多的杂音之后，我们反而迷糊了，疑惑自己是否天生就该拥有幸福……

其实，幸福并不是奢侈品，它不存在谁是否有资格拥有，也不代表幸福是什么样的人才有的专利。我们无须辩护，也无须争辩，它其实是你自己所拥有的一项权利。

从辞典的解释来看，权利就是一个人合乎法律或合乎伦理的利益或要求，是法律上认可或伦理学上可辩护的利益或要求。权利背后是在反映和注释着一种关系，权利是有强烈的理由拥有或得到对人类生命相当重要的东西。我们在这里要讨论的不仅是法律权利，而且包括更重要的道德权利。

网络上曾流传着这样一句话："幸福是什么？幸福就是猫吃鱼，狗吃肉，奥特曼打小怪兽。"这句话听起来有趣，细想也并非没有道理。幸福究竟是什么，它不过是日出而作，日落而息；是一家人圆圆满满；是有一点小钱，能喝个小酒，能吃顿饱饭；是家人、朋友、我们都健健康康……其实，我们每个人都有权利选择自己的幸福！没有人可以剥夺，因为这是我们与生俱来的权利！

现实生活中，我们常常会听到这样的抱怨和感叹：幸福似乎总是离我那么遥远，整天疲于奔命，拼命地挣钱糊口，回到家就一头栽倒在床，日复一日，年复一年的，如此往复，我真的没发现幸福，幸福究竟在何方？难道这就是幸福吗？幸福不该是非常舒适、总是笑着面对的吗？其实不然！难道你没有发现每天下班回家，妻子都会为你泡上一杯热茶，这就是幸福，因为妻子这一小小的举动，你一天的辛苦早就转化成幸福；每天清晨，儿女一睁眼都会叫你一声爸爸，就为了这一声"爸爸"，再多的付出也都是幸福；每次回家，爸爸妈妈都会为你准备一顿丰富的晚餐，难道那不是幸福？……

俗话说："条条大路通罗马。"可能幸福是一个太调皮的姑娘，它总是在不停装扮着自己，以至于让太多粗心的人们无法辨认出她来。但可以肯定的是，她是始终存在着的，并且是无条件存在的，不需要辩护什么即会拥有。

有的人一生一世都体会不到幸福的味道！而有的人似乎总沉浸在幸福之中！幸福的人，幸福是跟着他跑的，所以他无论走到哪里，都会拥有幸福！而与之相反的是，总觉得自己不配有幸福的人，即使一辈子拼命地追逐幸福，也总是在战战兢兢中度过，甚至让幸福从手中溜走了。

从个人方面来看，幸福是公民自己的一项权利，我们无须纠结生活中的一些不顺和劳累。对于社会来说，幸福也是公民的一项权利。它是公民权利的一种。如果将幸福上升到权利的高度的话，那么幸福作为公民权利的一部分，而且是不可分割的一部分，它在位序上显然也处于最高位阶。幸福权力本质上属于公民的个人权利，公民个人幸福是现代文明赖以存在的必要基石，不尊重公民个人权利，也就不会尊重人民，而能够保证公民个人幸福的，整个社会人群都会分享到它蕴涵的幸福价值。

公民的幸福权利与其他的公民权利一样，也属于无限型权力。所谓无限型权力是说它没有一个最终的标准，它会随社会的发展不断地丰富自己，换句话说就是公民的幸福追求及其权利表达没有止境。公民权利是无限的，这应该成为每个现代人都明白和坚守的常识，否则，幸福会越来越少，苦难会越来越多。但这不是说幸福只是一种理想，虽然赫拉克利特说过，幸福如果在于肉体快乐，那就和牛见到青草没有区别了。的确，赫翁的观点有一定道理的，但也具有一定的片面性。虽然幸福不等于温饱，但它也包含着温饱。正如希腊大戏剧家阿利克芬的那句台词："我们是幸福的鸟类，冬天不用穿毛衣……"公民幸福权利其实是一种阶梯性的结构存在，它的第一阶梯是活着，第二阶梯是安全，第三阶梯是温饱，以后还有第四阶梯、第五阶梯等等。魏特林说：幸福在于满足，满足在于自由。自由理所当然地应该成为幸福阶梯中高阶的一种，所谓"不自由，毋宁死"就从一个角度证明了其价值的独特性。

费尔巴哈说，在现代社会，你的第一个责任便是使自己幸福。而且他这样延伸自己的逻辑，自己幸福是他人幸福的逻辑前提。唯有对每一个公民幸福都认真的国家才是现代国家，唯有对每一个公民幸福都认真的文化才是现代文化。中国的儒学文化其实也是这样一种思路，所谓"老吾老以及人之老，幼吾幼以及人之幼"就是先从自家说起。我们应该正视自己的幸福，正视自己的权利，做一个真正对社会有用的人，一个幸福的人。

幸福是生活的终极目标

人与动物的最大差别就在于人是有意识的，这种有意识的表现就在于，动物的一切举动都是出于本能，而人却可以思考。对于动物来说，它活着可能就是为了活着，于是他们觅食、争夺领地，甚至繁衍后代也只是出于本能，不具有任何的意识。但是人不同的是，人懂得思考自己为什么活着，为怎样的目标活着，正是在这样的思考过程中，确立了自己人生的终极目标。

那么，究竟什么才是生活的终极目标呢？对于这一问题，可能不同的人有不一样的见解。但是从历史和现实角度来看，有三类人生的终极目标：一类是社会倡导的，一类是思想家主张的，一类是大众奉行的。这三类人生终极目标可能是基本一致的，也可能存在一定的不一致性，甚至会引发冲突。但是始终不变的是，不管人们设置什么样的终极目标，其背后都有一个更大的归宿，那就是幸福。

对于幸福的评判，已经不仅仅取决于生存发展需要得以满足的状态，也受到环境和条件的影响。大致说来，幸福的环境和条件主要有四个方面：社会、家庭、职业、素质。人是社会的人，社会、家庭和工作成为其接触的主要群体，一个人是否幸福不仅仅取决于外界原因，也与自身素质有关。这四方面的状况共同规范着人们是否幸福和幸福的程度，它们是控制人们状况的变量。在这些变量中，规定个人幸福的其他因素归根到底取决于社会。社会决定着是否把个人幸福作为社会一切活动的终极追求，甚至也决定着个人能否把幸福作为自己的人生终极目标。

当然，把幸福作为自己的终极目标，绝不仅仅是如今才提出的。从西方历史来看，早在古代希腊，大众以及政治家就已经把幸福作为人生的追求。著名的雅典政治家梭伦就曾与吕底亚的国王克洛苏斯讨论幸福问题，并主张财富不能决定一个人的幸福。此后，什么是幸福和怎样才能获得幸福的问题成为希腊哲学的最重要的主题之一。其实，从希腊神话的神祇形象中就可以一窥古希腊人对幸福的向往。

到了中世纪，关于幸福的主张又有了新的发展。对于西方国家来说，中世纪被认为是神学和教会统治下的黑暗时期，但如果深入考察就会发现，幸福仍然是社会倡导、思想家主张和大众信奉的人生终极目标。与希腊人所追求的幸福不同之处：

这种幸福不是现世的幸福，而是来世的幸福；不是短暂的幸福，而是永恒的幸福；不是耳目感官满足的快乐，而是与上帝同在的幸福。这种幸福不可能靠人自己的力量来实现，只有通过上帝才能拥有。于是信奉上帝就成为人们获得幸福的必经路。当然，这可能只是宗教控制人的一种方法，受到宗教的束缚，往往又将人引向了不幸的深渊。但是在这背后，也恰恰反映了人们对于幸福的追求之心不泯，幸福一直都是人们生活的终极目标。

文艺复兴之后，上帝的统治地位被推翻，但追求幸福的传统并没有改变。文艺复兴时期，一直在强调人的力量的重要性。由此，对于幸福的追求又回归到人本身。于是，人们开始在追求幸福的道路上不断地努力，尽自己最大的努力让自己幸福，或者更幸福。

与西方国家相比，中国历史的情形要复杂得多，但关于追求幸福的信念一直以来从未动摇过。早在《尚书·洪范》中就提出了"五福"，即："一曰寿，二曰富，三曰康宁，四曰修好德，五曰考命终"，并要求用"五福"教化民众，使之倾慕之。与西方中世纪相似的是，这些都是统治阶级为了方便自己的统治而采取的措施。他们抓住了老百姓渴望幸福的心理需求。但是，自春秋开始，思想家和统治者就改变了方向，他们不怎么谈"福"，统治者和思想家都不倡导追求幸福，特别是自孔子开始的儒家学派，他们更多的是推崇"德"（其核心内容是"三纲五常"），以维护统治阶级的统治。虽然所提倡的方向发生改变，但是他们宣扬的精神仍然是相通的，只有遵从这样的"德行"，才是正确的，才有可能在当时获得幸福。

当然，现在看来，他们当时的宣扬显然存在偏颇，很大一定程度是为了维护自己阶级的统治才采取的措施。其实，幸福就是一个抽象的概念，其内涵是不确定的、相对的。不同的人、不同的社会、不同时代对幸福有不同的理解。虽然人们对它的标准都做了不同的设定，但是可以确定的是，这一概念始终是人类的终极价值目标。

"生活"是一个总体性范畴，它不是指人的生活的某一方面，而是指人生活的总体。如物质生活、文化生活、精神生活等等。"好"也是一个总体范畴，它不是指某一方面的好，而是指各方面都好。如事业好、家庭好、个性好、德性好等等。尽管历史上人们对幸福的理解有种种偏差，但这样的偏差并没有撼动幸福本身在人们心中的地位。

幸福不是一个量化的指标体系，而是一个一般性的要求，这种要求是框架性的。不同的人可以创造属于自己的幸福，形成自己的生活个性。幸福本身要求人们在幸福的框架内自我选择、自我设计、自我创造，要求个人成为自己幸福的真正作者。

以幸福作为终极目标，本身意味着以人类成员个体作为人类的终极实体，对于人类来说，其他一切实体（包括国家和其他一切组织）都是从属的。坚持以幸福为终极目标，就可以防止不以人类成员个体而以其他事物为终极目标的情况发生。

幸福并不是尽善尽美的，而是相对的。例如一个残疾人的幸福，显然不同于一个正常人的幸福。对于那些穷得叮当响，甚至被高利贷追得到处避难的人来说，有钱就真的太好了，可是在那些真正有钱的人看来，钱并不代表什么，反而平凡的生活才是他们真正追求的东西。幸福就是这样，它总是处在这种相对之中。虽然幸福各有不同，但是有一点是确定的，那就是努力的追寻幸福始终是自己的终极目标。

不过，有一点是不容忽视的，那就是幸福的生活的确需要好的社会。那种限制甚至扼杀个人幸福的旧社会，根本就不可能有真正的个人幸福。只有那种把幸福作为社会的终极目标并致力于实现这种目标的社会，才会鼓励其成员追求幸福、创造幸福、享受幸福，也才会为其成员获得幸福创造条件提供机会，使幸福得以普遍实现。

拿着错误的幸福地图，走得越快就越离谱

中国有这样一个成语，叫作"按图索骥"，它的意思是指按照画像去寻求好马，比喻办事机械死板。撇开它的负面意义，就可以理解为按照线索去寻找。在寻找幸福的道路上，我们也需要这么一张图来帮我寻找正确的幸福。当然，这样的图不是随便找张来替代就行的，对于图的选择也是非常重要的，也是很有谨慎的必要的。

在婚姻的选择上，如果你选择了错误的幸福地图，很可能在未来的道路中失去得更多，不仅仅是婚姻，还有一生的幸福。对于所有人来说，婚姻在幸福生活中所占的比重都非常大，面对如此重大的选择，一念之差也许就会让你一生追悔。

网上有人列举了 12 个要结婚的错误理由，我们一起来看一下：

第 1 个错误的结婚理由——降格以求，为结婚而结婚。

第 2 个错误的结婚理由——为了逃离家庭。

第 3 个错误的结婚理由——奉子成婚。

第 4 个错误的结婚理由——为了违抗父母之命。

第 5 个错误的结婚理由——嫁个金龟婿，找个有钱人。

第 6 个错误的结婚理由——只为了他是帅哥、大靓仔。

第 7 个错误的结婚理由——为了性。

第 8 个错误的结婚理由——摆脱寂寞。

第 9 个错误的结婚理由——寻求安全感。

第 10 个错误的结婚理由——摆脱单身。

第 11 个错误的结婚理由——想当新娘。

第 12 个错误的结婚理由——恋爱必须结婚。

现实生活中的确存在这样的人，他们的结婚理由非常可笑，

甚至让人觉得荒唐。他们错误的结婚理由，正犹如手中拿着错误的幸福地图，撇开酒席，结婚不过就是去婚姻登记处盖个戳，总共也不过就是 10 分钟的时间，但是就是这 10 分钟却注定你后半生的幸福。

究竟什么才是幸福正确的方向呢？现代社会，我们常常会看到一个西装笔挺的男士旁边又站着一个身材窈窕的女性，背后又有一栋豪华的别墅，然后门口泊着豪车……在很多年轻人看来，这就叫幸福。因此，很多的年轻人就努力走向幸福的目标，但是在走的过程中却发现，自己似乎跑偏了，这些不过就是些物质的追求，拥有它们不一定就是幸福。我们仔细思考一下，旁边站着一个身材窈窕的女性会不会就是真的幸福呢？如果那个女人她并不爱你，只是为了你口袋的钱而和你在一起，你还会开心地搂着她说你幸福吗？

我们常常在口中念叨"经济基础决定上层建筑"，这句话成了多少女生拒绝男生的借口，又成了多少男生发愤图强的动力。无形之中，经济基础似乎已经成了一条准则。但是仔细想想，这也不过就是一条错误的路线，我们就是拿着这个错误的幸福地图，迷失了幸福的方向。

静下心来想想，买一件名贵的衣服可以快乐多久？银行卡刷下去，可能几千块，甚至上万块钱就没有了。穿到公司去可以快乐多久呢？活在这种虚荣之中，绝对不是真实的快乐，反而每天患得患失。

开一辆豪华的轿车可以快乐多久？可能一个月、两个月，等新鲜劲过了，只会觉得豪车也真的很无聊。《弟子规》说"勿厌故，勿喜新"，一辆豪华轿车如果用贷款购买的话，可能要付 5—10 年的时间，为了一两个月的所谓幸福，也许你要经济紧张好几年。还有一些人，他们家庭条件比较好，可能拥有豪车对他们来说并不难，但人都是不知足的，他们往往只顾及到在这些表面的事情上与人攀比，可是成就永远不如别人，最后也只有变成一个"啃老族"。

买一栋豪华的别墅可以快乐多久呢？有些人买别墅不是要住的，只是怕人家在茶余饭后问：你有别墅吗？他假如答不上来觉得很丢脸。可买了别墅一年也就住个两三次，还必须缴高额的物业管理费、车位费……这并不是一条正确的幸福之路。

你这一生当中何时有幸福的感觉？虽然这些幸福的感觉是偶尔才会发出亮光，但是一个短暂的亮光也可以把它化作永恒。当你的儿孙都很孝顺的时候，那你每天少了许多烦心事，这是幸福的感觉。当你坐在公车上，看到一个长者上来了，我们马上给他让座，老者也很欢喜，对你说声谢谢，你一整天都会心情欢畅——这也是幸福的感觉。

有报道称，瑞士每天有 4 个人自杀，有 1/10 的人口曾经想过尝试要自杀。这个比例高不高？显然很高。人们不禁要问，瑞士的生活环境怎么样？答案是很好。自杀的人里面没有因为要饿死自杀的，一般来讲，快要饿死的人都很爱惜自己的生命，往往都是生活条件很好的自杀了，因为养尊处优，内心空虚，然后意志力很薄弱，禁不起挫折。

让生活失去笑声的不是挫折，而是内心的困惑，让脸上失去笑容的不是磨难，而是禁闭的心灵。没有谁的心情永远轻松愉快，但是幸福是需要自己用心来经营的，找到一本好的指导图册，你才能有一个正确的方向。

有了正确的方向，可以使我们在愤怒时懂得制怒和宽容，悲伤时懂得转移和发泄，忧愁时懂得释放和解脱，焦虑时懂得排遣和分散。如果我们学会了了解自己的情绪、控制自己的情绪、改变自己的情绪，那么人生也将平坦与平顺。

地图是个很复杂的东西，但地图也是个很有价值的东西。正确的地图可以成就我们的人生，而错误的地图则可能让我们败走麦城，选择一张好地图可以决定命运，因此，找一张好地图对我们至关重要。而树立正确的幸福标准，则是我们人生必须学习的一课。

许多人找不到幸福就是因为用错了方法。2012 年，湖南卫视播出电视连续剧《夫妻那些事》，叫好声一片。凭借生动鲜活的人物形象，一波三折的故事情节，明快温暖的轻喜剧风格，幽默诙谐的对白等，牢牢地吸引了荧屏前观众的目光，堪称是当前众多同类题材电视剧中的一部出色之作。

作为电视剧中的一个主要类型，家庭剧最喜欢表现和探讨的一个主题就是幸福。这部电视剧也把目光聚焦于这一话题。

《夫妻那些事》以一对"丁克"夫妇的经历为主线，通过对几对夫妻间的爱恨恩怨、分分合合的描绘，对当前人届中年的白领阶层的婚姻关系给出了充分的揭示，具有强烈的现实性，可以说是对生活的一种"高仿真"般的还原和再现。由此所引发的感叹和思考，也就具有了相当的覆盖性。

经由一连串既起伏跌宕又入情入理的故事，这部电视剧形象地表达了对于家庭幸福的理解。

林君、安娜和那依三人是大学同学，毕业后十多年间也保持密切的联系，彼此间都是无话不谈的闺蜜。她们都已是人妻，但每人的家庭生活以及对幸福婚姻的理解却大为不同，从她们对幸福的不同理解，由此衍生出了一系列的戏剧化冲突。安娜嫁给了台湾商人，生了三个孩子，成了职业家庭主妇，满足于相夫教子，但这个令外人美慕的幸福外表终归被证明是假象：丈夫对她不再有感情，在外寻花问柳，最终抛弃了她，卷走钱财。自视甚高、十分任性的那依，生活优越，受到忠厚老实的丈夫的百般呵护，却不满意，盼望着能够找到符合自己理想的男人，为此不惜瞒着丈夫自作主张流产，葬送了自己的婚姻，周旋于多个男人之间，却一次次梦想破灭。作为剧中第一女主角的建筑设计师林君，相貌美丽，事业出色，有丈夫体贴、老人关爱，应该说具备拥有幸福的最为充分的条件，但她在事业追求和家庭幸福之间难以取舍，进退失据，纠结不已。

　　每个人都在不懈地追求自己的幸福生活，然而用错方法得到的结果就非常离谱。由此，成立一门专门的学科来阐述幸福，告诉大家怎样追求幸福非常有必要。

　　花无常开时，人无常少年。在人生短暂的旅途中，我们在追求幸福的过程中更应该学习幸福的方法。对父母诉说思念，与朋友互相鼓励，向跌倒的人伸出双手，跟饥饿的人分享食物，给失败的人鼓励的微笑，给受伤的人安慰的话语……当我们心存善意争相为善时，我们就是爱的化身，就是幸福的代言人。既然成为幸福的代言人，又怎么可能会找不到幸福呢？而如果你寻错了路子，用错了方法，可能就会误入歧途，不仅不会找到幸福，而且会与幸福越走越远，甚至无法回头。

换一种眼光，换一个世界

　　泰勒·本－沙哈尔带领同学们做过一次最成功的研究，是在美国的内城区，也就是人们常说的城市中心贫民区。在这种环境下成长起来的孩子，他们无论是家庭背景还是智商都和常人相同，但在社会竞争中却处于劣势，极容易沾染上不良的嗜好，比如吸毒、乱性等，甚至还会加入社会底层的黑势力流氓团伙。然而，在这样的环境下却走出了一群"超级小孩"，他们居然取得一般人达不到的成就。他们是如何做到的？是什么原因导致了他们的成功的呢？泰勒·本－沙哈尔就以这个题目来带领大家进行研究和探讨，结果发现，这些成功的孩子和不成功的孩子们相比，在心理意识的诸多方面都有很大的不同，比如：

　　1. "超级小孩"会主动地表现出寻求社会支持的行为，而普通的孩子不会。

　　2. "超级小孩"会表现出相当的自尊精神和乐观态度，这是普通孩子所不及的地方。

3."超级小孩"能够感到自己生命的意义和价值，有自己的信念并为之努力，普通的孩子中许多都是无所事事，没有目标和方向。

4."超级小孩"会有明显的亲社会行为，乐于帮助别人，并且认为在帮助别人的过程中能得到别人的认同和实现自我的价值。

5."超级小孩"在成长的过程中总是可以关注到自身的优势，坚信自己在某些方面比普通的人超常，对自己的未来相当自信，并且不自觉地朝着好的方向努力以证实自己的判断。

6."超级小孩"能够主动地为自己设定目标，关注自己的未来。

7."超级小孩"在童年的成长过程中一定有自己心中的模范榜样，并且不是普通孩子心中的那些俗套的偶像。

这个研究案例有力地揭示出了积极心理学对人格重新建构的重大意义。泰勒·本—沙哈尔认为：如果想防止那些住在城市中心贫民区的孩子滥用毒品，只是采用有效的干预措施还不足以构成治疗的手段，而更应该充分调动青少年身上已经具备的优点。有很多孩子其实是非常有潜力的，但是最后却没有做好，原因就是他们把自己的很多优点都忽略掉了，很多的潜能都在沉睡。其实，往往换一种眼光，你就会得到一个不一样的结论。

生活中，可能很多人都在询问幸福的定义，却很少有人能够静下心来用心体会幸福的感受。幸福是一种感觉，它没有绝对的标准，因此也就不可能拥有适合于所有人的通用模式。正是因为它的模糊性，我们常常会听到有人抱怨自己容貌不是国色天香，抱怨今天天气糟糕透了，抱怨自己总不能顺心如意……

当然，人生路上难免有许多的不尽如人意，我们不能总钻牛角尖，而应该换个角度看问题，说不定会有意料不到的收获。容貌是天生的，你不能改变，但你为什么不想一想展现笑容，说不定会美丽一点；天气不能改变，但你能改变心情；你不能样样顺利，但可以事事尽心。你这样一想是不是心情好很多？

其实，人活着本就是一种心情。只要有家人陪伴，有朋友共享，即使粗茶淡饭，也仍然有滋有味，乐在其中。这何尝不就是一种幸福？但随着年龄增长，肩上责任的加重，生活的压力也越来越大，活得开心也就更不容易。一旦心情不那么开心，可能就会主观地给自己定义为不幸福。

生活中，我们要面对复杂的事情很多，随时随地都可能影响情绪。这个时候，不妨换种眼光，也许原本有些暗淡的生活色调会多一点鲜活，心情也就舒坦很多。在不如意面前，换一种眼光去理解，保持一颗平常心，耐得住寂寞，经得住变迁。这样，即便面对平静没有波澜的生活，我们的心里也会充满希望和满足。

有人说，人生就像一次旅行，不必在意目的地，在乎的只是沿途的风景，以及看风景的心情，这是一种令人羡慕的洒脱。的确，有时候能平息我们不安心情，能使我们平淡的生活更有色彩。

有个富翁聘请了两个园丁来打理他美丽的大花园。园丁的工作非常辛苦，天气好时，必须忍受炙热的艳阳，皮肤被晒得又黑又干，还可能晒伤；天气不好时，尽管下着滂沱大雨，园丁也不能休息，仍要修剪树木，时常被淋得浑身湿透……为此，第一个园丁感到愤愤不平，更何况，老板发给他们的薪水又少得可怜！所以，他每天一上班就板着一张脸，开口就是无尽的抱怨。

但是他的另一个同事却有着和他完全不一样的反应，那位同事居然一边工作，一边哼着歌。看到这样的情景，第一个园丁实在忍不住大声地问："这份工作究竟哪一点值得你这么高兴？难道你一点都不觉得很不公平吗？"

不料，同事一脸诧异地反问："不公平？哪里不公平了？"

园丁气愤地说："事情都是我们在做，享受的却是老板，你不觉得不公平吗？"

"享受？老板哪里享受了？我们才享受吧。"同事露出诧异的表情。

园丁听到这样的话，差点没昏过去，心想这个同事不是呆子就是疯子！

同事似乎看穿了他心中的想法，又进一步解释："你看，这花园的风景这么优美，空气这么好，一年四季都鸟语花香……但是，老板每天都忙着工作，每个月顶多只能来花园里一两次，不像我们，天天生活在这么美好的环境中。虽然他的头衔是'老板'，过的却是工人的生活；我们虽然被称为'工人'，但我们却比老板更享受！这样，为什么要责怪老板呢？"

同样的工作，两个人感受却完全不同，这正体现了事物的两面性。人们过多地去思考它带来的正面影响，却忽略了它带来的负面影响，如果你可以用逆向思维思考问题你学会的东西也会很多……很多时候，换个角度，世界马上就会变得与众不同！如果我们换一种眼光看待身边的人和事，那我们一定可以收获很多。

有一个男子非常努力地工作，一直期待着父亲能夸奖他。但是，他父亲是一个非常传统的人，口中从不轻易透露一句赞美的话。

有一天，男子压抑已久的情绪终于爆发。他对父亲说："我这么辛苦地工作，只是希望能够得到您的一句赞美，您怎么这么吝啬，竟然一句也不肯对我说！"

父亲从来没有想过儿子会说出这样的话，愣了好久，才勉强地说："我从来没有觉得你不好，而是怕随便夸奖你，你会养成傲慢的心态。"

听了父亲的回答，男子仍然非常生气，他回到家便把这件事告诉了太太。太太听了，说："你何必这么生气？你为什么不这样想：今天父亲对你说'我从来没有觉得你不好'，这句话换个说法，不就是'我一直觉得你很好'吗？父亲根本就是在夸你，不过转了个弯罢了！"男子听了这才恍然大悟。

正向思考并不是"阿Q心态"，而是让我们活得更幸福的不二法门。因为只要换个角度看世界，你就会发现这个世界变得大不同！给自己一个微笑，你当然也会迎来微笑的生活。很多时候，我们自己渴望的总是考试的成绩，对自己抱的希望越多，成绩揭晓的时候失望就越大。于是，我们就会反复地问自己："为什么第一名不是我？"可你想过了没有，自己为什么会考的那么差？自己努力了没有？方法正确了没有？多问自己这样的问题，你就会从中找到失败的原因，从而就可以对症下药，把自己从失败的深渊中解救出来。换一个角度思考问题，而不仅仅是沉浸在抱怨之中，相信会有新的收获。

有这样一个故事：一群兴致勃勃的人在登山的路上，遇到了从山上下来的满身疲惫的人。于是，登山的问下山的说，怎么样？山上有什么好玩的吗？下山的满脸失望地说，没有，什么也没有，只是一座破庙……如果你是登山的，听到这些话，就停滞不前，满心失望。请问你这次旅途愉快吗？不，一点都不愉快。这个时候，你只有让自己换一种眼光，给自己一次机会，自己爬上去看个究竟，也许，你会从中发现一些新的东西……

换一种眼光，换一个世界。伟大的发明家爱迪生在研究了8000多种不适合做灯丝的材料后，有人问他：你已经失败了8000多次，还继续研究有什么用？爱迪生说，我从来都没有失败过，相反，我发现了8000多种不适合做灯丝的材料……换一个角度思考，问题就截然不同了。有时候，能从失败中走出来也是一种成功，如果你整天沉浸在失败的痛苦之中，那么你永远都无法成功。

别让想象力绑架了我们的生活

人生在世，谁都渴望幸福，但关于幸福，即使是同一个人在不同的人生阶段都有不同的认识和理解。在所有的人生体验中，幸福可能是最无确定指向和明确定义的。我们总是一再强调，幸福是一种感觉，是心灵的一种愉悦、惬意的感受和状态。锦衣玉食的人，未见得幸福；粗茶淡饭的人，也并不意味着不幸福。因此，那些我们自以为活得不幸福的人却未必不幸福。

最新调查显示，泰国东北部虽然是泰国国内最贫穷的地区，但生活在那里的人却最幸福。调查人员发现，用寿命、工作满意度、健康、家庭关系等指标衡量，生活在泰国东北部的人比其他地区的泰国人更幸福，虽然他们挣的钱比其他人更少——他们的收入还不到全国平均水平的 1/3。

调查人员诺帕东·坎尼卡尔是"幸福指数网"的创建者之一，他说："这里的人不富裕，但他们很幸福。这与以下因素有关：当地的文化习俗、当地人与家庭和社团的关系，以及当地人所持的观念。——这里的人很知足。"

很多时候，幸福并不像我们想象中那么遥不可及。一次舒服的懒觉；一个健康的心态；晚风中年轻的母亲回头看后车座上已经睡着的婴儿，轻轻地喊着婴儿的名字；男友在发给你的短信上留言："寒潮来临，注意加衣"；推掉无谓的应酬蜷在沙发里看一本刚买的书……其实这一切都可以成为我们幸福的源头。幸福不是刻意地追逐，不是一份一定要经历了惊涛骇浪的感情，也不是一段一定要经历生死才能确定的友谊，我们往往不需要去等待什么，你随时都可以启程，去赴幸福的邀约，给自己一份幸福的感受，因为它就在身边，绝没你想象中的那么遥远。

生活中，我们总是在脑海中凭借着想象来构建自己的生活，但是付诸实践时却又漫不经心地"建造"自己的生活，不是积极行动，而是消极应付，凡事不肯舍得花血汗，不肯精益求精，在关键时刻不能尽最大努力。

就拿我们平时生活中不可缺少的一部分——工作来说吧，可能很多人在还未踏入社会之前，已经在脑海中想了千百回自己要做一个如何成功的企业家，努力几年，然后创立自己的企业，有自己的事业等等。在真正的工作中，大部分人工作时都以为是在为老板打工，为了完成工作任务而应付了事，当你一步步消极应付下去，再回头惊觉自己的处境时，早已深困其中。

我们每个人其实都在努力地生活，为了能有个挡雨的家，为了更好的生活。即使是在建造"房子"的过程中，我们受了伤，流了泪，但当你最后看到一座属于你用心建造的精美的"房子"，哪怕是受再多的苦，也值了……

但是，幸福并不像我们想象中的那样简单，它需要时间的磨合。在这样的磨合中，会有各种各样的问题出现，彼此的摩擦也与日俱增，如何调和，如何回到曾经的幸福中，这些让幸福变得不那么简单。

时间，这个很重要的角色，它总是在不经意间窥探人们的一言一行。当时间慢慢变长，曾经的爱情，是否还是觉得幸福呢？

老爷爷拉着老奶奶的手，两人慢慢看着周围的景色，脸上的微笑像是阳关般温暖，这样的画面让人看着心里都会觉得很温暖。有首老歌唱道"我能想到最浪漫的事，就是和你一起慢慢变老，一路上收藏点点滴滴的欢笑，留到以后坐着摇椅慢慢聊"。幸福，或许就是这样，能和自己相伴的人一直到老。很多女孩子，心里都憧憬着爱情的美好，想象着自己的爱情可以像是偶像剧、小说般的浪漫、刻骨，但现实却是那么遥远。幸福的平淡，让彼此无法守护，越是如海浪不断拍打着礁石的猛烈，越是难以分开，喜欢着爱情带来的新鲜感。觉得幸福，应该是每天的陪伴，彼此讲述所发生的一切，彼此依偎，互送喜爱的礼物等等，好像获得幸福并不难——其实并非如此。

对于很多人来说，想象中的幸福似乎很简单，简单到时间一冲就冲淡，曾经的海枯石烂，也抵不过你最后一句"好聚好散"，形同陌路的结局很令人伤感，但如今破镜难重圆……一场本该幸福的开端，却一点一点偏离人们的想象，不去踏踏实地经营感情，不舍得为对方付出，遇到小小的不顺心就想放弃，这样又怎么可能会幸福呢？

其实，幸福和爱相伴相生，幸福的获得离不开爱的施予，爱则源自对幸福的认同和追求。而爱又是生命对生命的惠泽，世间万千的爱，终汇成不息的生命之河。给予中获得，爱人者被爱。生活是真实的，它不是凭空想象而存在的。自由欢畅的想象力让我们可以在另一个世界得以自由飞翔，但是回归现实，它就如同折翼的天使，找不到施展的地方。唯一的方法，就是它要学会用脚走路，用脚一步一步落实心中的幸福。

幸福并不像想象中的那样遥不可及，它就在我们身边，只不过过于平淡而被忽视了；当然，幸福也不像我们想象中的那么容易，它还需要我们去付诸实践，才可能真正的靠近并得到。

第一篇

幸福是什么：透视幸福的 DNA

第一章　解读幸福金字塔的秘密

幸福是一种主观的感受

人们对幸福的认知存在差异，导致对于幸福的见解也出现不同。什么是幸福？英文把幸福叫"Happy"，这个词最早源于希腊文，是"好生活"的意思。什么叫"好生活"？亚里士多德说，所谓好生活就是值得过并且过得称心如意、有成就、有满足感的生活。这样一种好日子，天天都让你感到很舒心，没有烦恼，那你当然很幸福。

古希腊的另一位哲学家伯利克里提出"要自由，才能有幸福；要勇敢，才能有自由"的幸福论。他认为幸福是人的一种感受，这种感受是对社会现实生活的反映，这种感受反过来又可以调节人的行为。

美国一家把幸福作为研究目的的科研机构得出结论，幸福与年龄、性别和家庭背景无关，而是来自于一份轻松的心情和健康的生活态度。无独有偶，《辞海》对幸福的解释是"心情舒畅的境遇和生活"。

不同的人对幸福的见解不同。在很多人看来，物质上的满足就是幸福的一种象征，而在另一些人看来，物质并不算什么，能吃得饱、穿得暖就行了，最重要的是要精神上的满足和思想上的充实……

对待这样的差异，仔细想想，你就会发现，人们对于幸福的定义，绝不仅仅是头脑一热而临时决定的，而是有现实生活基础的。

时代在发展，生活在持续，面对诸多的诱惑，又有多少人能把握好自己呢？这样的现状要求我们一直地去努力，去追求，不能只满足于现状，也不能完全经不住诱惑。我们应该清醒地认识自己的问题，要做到真正地了解幸福，因为知己知彼，才能百战百胜。

幸福就像一座金字塔，是有很多层次的，越往上幸福越少，得到幸福相对就越难。越是在底层越是容易感到幸福；从底层跨越的层次越多，其幸福感就越强烈。幸福其实就是一种期盼，是一种心灵的感受。只要我们用心去发现，用心去感受，你就会发现幸福其实就在我们身边。

幸福到底是什么？有人说，幸福就是当你肚子饿了时，刚好有人递给你一块面包，幸福就是那样的简单；还有人说，幸福就是和爱着的人长相厮守，不管生活是否富有，幸福就是一种心心相惜的快乐；也有人说，幸福是一种感觉，只要你觉得幸福了你就是幸福了，幸福就是一种说不出的感觉。

想想生活中，我们常因感动而体会到幸福的感觉。当你在困难时，朋友向你伸出一双援助之手，你的心会感动，你会对友谊很满足，体味到一种人间自有真情在的幸福；当你苦闷时，有人能静静地倾听你倒苦水，你也会有被人重视的满足，感觉到一种倾吐的幸福；当你偶尔生病了，家人围绕在你的身旁嘘寒问暖，你也会有血浓于水的满足，享受到一种亲情的幸福；当你经历了人生的种种磨难，而爱你的人依然和你不离不弃，相守一生，你会有"执子之手，与子偕老"的满足，体会到一种真爱的幸福。

理学大师朱熹曾有"月印万川"之说，即同一个月亮照在江河湖海中，便成了千千万万个月亮。幸福同样如此。不同的人对幸福有不同的理解。有人说，"三十亩地一头牛，老婆孩子热炕头"就是幸福；有人说，有地位、有财富、有权力才是幸福；有人说，平平淡淡才是幸福。同一个人在不同的时空对幸福的感受也不同。比如，"好了伤疤忘了痛"，人们在生病的时候才更加珍视拥有健康的幸福；"书到用时方恨少"，人们在感到无知的时候才意识到掌握知识的幸福。总之，幸福是人们基于一定价值判断基础上自身需求得到满足的主观感受。这种感受因事而生，因人而异，因势而变。这种主观感受会直接地折射出我们对事物的看法，从而影响我们对幸福的感受与追求。

世界上存在着四种类型和层次的幸福。我们所有的人，无论是懂得它们，还是不懂得它们，实际上都在追求这四种幸福。

第一层次的幸福是得到立即的满足或快乐。比如饥饿的时候能得到食物和饮料。这种幸福是强烈的、肤浅的、不持久的，也不需要我们有较强的能力就能得到它。

第二层次的幸福是获得成就感。它对我们来说比第一层次的幸福重要，因为它帮助我们在早期的生活中获得了身份。它比第一层次高级，因为它比较持久，有普遍性和深度。换一句话来说，它持续的时间比较长，对人产生的影响大于自己。它要求人具备较高的能力才能获得它。这种幸福，往往在我们受到较高的教育，在商务、职业上比较具有竞争力时，才能够获得。这里要说明的是，当我们想要获得这一层次的幸福时，不等于我们要完全放弃第一层次的幸福。

但是，停留在这一层次的危险是——我们会被成就或竞争缠住手脚。我们的幸福，不但依赖于取得成就，而且还依赖于取得比别人更多的成就。我们必须有比别人豪华的车、比别人更多的钱、比别人有更高的职务等等。这时，追求幸福会成为一种痛苦，因为我们必须在总体上要优越于别人，我们会感到精疲力竭和无益，会怀疑自己付出努力到底值不值得。

摆脱被名利所束缚的出路是寻求第三层次的幸福，即在帮助别人的过程中获得幸福，追寻更大的目标。这不仅帮助了别人，也使自己感到了幸福。这一层次与第二层次的相同之处是持久、普遍、有深度，但在程度上比第二层次有过之而无不及。追求这种层次的幸福能使自己对家庭、对工作、对社会、对世界都产生积极的影响。

第四层次的幸福是一种至高无上的幸福，是追求人类最终的真实、善良、团结、美好和博爱。只有高度成熟的人才能获得这种幸福。我们每一个人都有这种机会。如果我们忽略它，我们会永远得不到真正的幸福。

不同时期的人有着不同的精神状态。以前，我们的物质生活很贫困，但精神状况却很好；现在，我们的物质生活进步了，可精力生活却匮乏了。不要逢事就爱钻牛角尖，让自己背负着繁重的思维累赘，把事件斟酌得太周全，这就使我们活得累。

幸福与不幸福的人，真正的区别在于，他们对于世界的主观体验与解释不同。面对同样的遭遇，幸福的人倾向于积极地解释世界，加固自己的幸福；不幸福的人恰恰相反，他们倾向于消极地解释世界，不断自我怀疑，加固自己的痛苦。为什么会这样？

这说明，人之所以能够体验到幸福，是一个人心灵的愉悦和快乐。从某种角度说幸福是一种感觉，是一种自我评价，如果这种感觉或自我评价使自己感到满意，就是幸福，反之就不是幸福。

美国心理学家们分析，幸福并不与财富的拥有成正比；一个人的幸福在很大程度上与此人的"幸福感"有关，幸福感受强烈的人，更能体会生活中的细微快乐，更能捕捉到生活中的快乐。

在美国一个大街上，躺着一个醉汉，警察急忙把他扶起来，一看，原来是本市最大的富翁。警察说："老板我送您回家"。富翁说："我没有家"。警察指着全市最豪华的一栋别墅说："那不是你的家吗？"富翁说："不，不，那不是我的家，那只是我的房子。"

看来富翁对家庭、幸福的含义很有见解。理想的家庭不光是房子、金钱，而且最主要的是和谐、温暖、美满。一个人的幸福，不光是由客观存在多少而决定的，他的主观感受也很重要。

"幸福与不幸福只在一念之间"，幸福更准确地说应该是幸福感，因为它只是一种感觉，是对自己现在生活状况的满意程度。看一场电影，有的观众看得泪流满面、激动不已；也有人还在评价电影矫揉造作、无谓煽情。同样的电影为什么会出现不同的评价？原因就是个体之间的感受差异很大造成的。

电视剧《老大的幸福》里，傅家四弟妹自以为可以安排傅老大的幸福生活，殊不知自己的幸福经不起任何风吹草动。

地产富豪老二貌似财大气粗，到头来却因资金链断裂弄得死去活来；老三生性心平气和，却因官场升迁受阻难以摆脱家庭的情感危机；公寓房住得好好的老四，竟为买大别墅拼命加班而不惜阻止太太生育孩子；一心想嫁富翁的老五，心计用尽反处处碰壁自讨没趣。具有讽喻意味的是，凡此幸福表象下潜伏的种种窘境，竟被京城人眼里并不幸福的傅老大一一化解。

其实，傅老大并无解危济困的独门绝招，他有的只是平凡人生的平和心态。他不求大富大贵，只求平安健康；不求有权有势，只求安居乐业；不求锦衣玉食，只求粗茶淡饭。在他看来，追寻幸福的路上，得到了是因为运气，所以失去了也不必太在乎。在剧中，那些备受"伪幸福"折磨的弟妹们，在历经物欲和情感的起落不定后，也终于对曾经错过的真幸福有了新的感悟。

所以同样的事情能不能给你带来幸福是因人而异的，是不是幸福全凭自己的感觉。有的人很容易感到幸福的存在，有的人却很难抓到幸福的影子。

幸福是一门科学，更是一种能力

今天不仅仅是哈佛大学在教授"幸福课"，研究幸福学。其他很多大学也在研究这个话题。美国著名心理学家，积极心理学的倡导者马丁·塞里格曼提出，乐观是一种积极的认知风格，它使一个人在挫折困难时，具有三种积极的解释方法：一是认为挫折只是暂时的，不是长久的；二是认为挫折只是特定性的，而非稳定的；三是认为挫折多是由外部原因引起的，而非完全是内在因素导致的。塞里格曼教授在美国宾州大学开设了世界上最早的积极心理学课程。在课上，他要求学生做一项感恩练习：每天临睡前，写下三件值得感恩的事情，坚持八周。结果学生发现了许许多多令人喜悦的事情。

哈佛大学心理学家尼古拉斯花了 20 年时间跟踪调查了 5000 多人，调查结果表明幸福具有传染性，能够在人与人之间蔓延，当人们彼此贴近时，会因为彼此的幸福而变得更幸福。比如，一个人感到很幸福，那么距离他一公里外的好朋友的幸福指数也会上涨 15％。

正是有这么多教授和学校在关注幸福这门科学，既说明幸福问题受到了人们的普遍关注，也说明幸福是一种能力，是可以改进和提高的。

2006 年 2 月，哈佛大学出了件大事，校长萨默斯为自己的惊人之语"女人天生不如男"付出了下课的代价。即将离职的萨默斯闷闷不乐，他的好友找到正在教授"哈佛幸福课"的泰勒·本一沙哈尔博士，讨教让萨默斯快乐并振作起来的秘籍。泰勒·本一沙哈尔博士便给出了下面的练习：

首先，大胆地去经历他现在正经历着的任何事情，并且自然地接受下来。他现在可能很烦乱和难过，但这些都属正常，因为他也是人。

其次，建议萨默斯本人清楚地了解"人类有非凡的克服沮丧事件的能力"。事情并没有他最初看起来那么糟，即使丢掉了世界顶级大学的校长之位。

最后，他可以仔细回顾一下作为哈佛校长的经历，回忆自己任期内的巅峰时刻，并用他所学到和感悟到的自身优势，去寻找新的机会和用武之地。

假如上述办法仍不奏效的话，泰勒·本－沙哈尔博士支了最后一招：我可以在我的课堂上留一个座位，校长先生可以旁听这门课程并做相应的论文。

泰勒·本－沙哈尔博士向萨默斯校长的建议让我们看到：无论我们正处于何种生活状态——遭遇不幸，经历变迁；或追求卓越，名利双收；也无论对人生正经历困惑、求索或领悟，我们对生命都要负一个重要的责任——让自己更幸福。

从某种意义上讲，人类的终极目标只是一个——幸福！为了找到幸福生活的实质和方法，积极心理学家们与其他的社会科学家和哲学家一起，投入了巨大的时间和精力。研究结果表明，追求幸福具有简单可行的方法，它们绝对可以帮助你活得更快乐、更充实。

中国学者岳晓东说："幸福是一种能力，是自我的修炼。"幸福的修炼，在于有效积极地化解失败与失落带来的负面情绪体验，以减少对忧愁烦恼的体验。在漫漫人生中，快乐、满意、希望是常态的等待，而郁闷、愤怒、内疚只是偶尔的访客。

幸福不仅仅是一种状态，而是一门科学，更是一种能力，幸福也不是一成不变的，你有没有能力提高自己的情商，改变自己的认知，决定了你能不能让自己获得幸福。经营幸福的能力决定了自己的幸福指数，那些幸福的人都是有能力经营幸福的人，那些现在还不幸福的人，一定要从此刻起，关照自己，提升能力从而提高幸福。

幸福：比满足和舒适更多一点

当一个人审视自己的生活和状态时，能够觉得很舒坦，满意地点点头，经常对自己微笑，而且很少对人发脾气，对周围的一切怀着好奇，讨论时会不自觉地眉飞色舞。这样的人对于自己和别人来说，都可以称为"主观上的舒适"。

但是，物质上的舒适体验是否也能归为幸福呢？当你身体躺在盛满热水的浴缸里，或是从宜家买了一张最新款式的沙发，又或者大吃了一顿新鲜奶酪，这些抚慰你各种感官的事与物能带给你幸福感吗？就像是刚才对于"幸福"和"满足"两者之间的比较，在物质层面的"舒适"之上还应该有一种更深层次的需求，仅靠感官满足是无法达到的。我们经常感到满足，却误认为这就是真正的幸福。但是，当我们解决了自己的某种需要时，这时候产生的感觉是满足，而幸福却不一定如此直截了当。幸福感来得更深刻、更有力度，能够超越物质的特性。

零点研究咨询集团曾电话访问了国内 12 个城市 2014 位 18—45 岁的女性，对她们的婚姻、教育程度、职业和收入等进行了大量的信息分析发现，在创造幸福指标中，财富力和社交力所占权重最高，分别为 24.8％和 16.84％，但得分都比较低，分别为 71.4 分和 73.1 分。

受访的都市女性的幸福感节点是月收入 10000 元。当她的月收入超过 10000 元以后，她的幸福力基本保持稳定，财富对提升幸福的贡献就不那么明显了。

满足这种充实感，既要满足"经济人"的需要，又要满足"社会人"的需要；既要注意"时差"，又要注意"事异"。毕竟，此一时非彼一时，此一事非彼一事，人的欲望无穷，人的追求有异。因而，满足总是因时、因事而论。

幸福包括满足，满足不一定是幸福，当一个人的物质需要都达到理想的状态时，他就会满足。但满足不代表就一定幸福，当一个人的物质得到满足，并且精神层次不再考虑自己还有什么不满足时，那就是幸福，满足是你还在思考的状态，满足是相对的，你还有未满足的，只是你现在没想到而已。但是幸福，就是你已经不再为这些问题而烦恼的时候。

正如诺贝尔奖获得者，心理学家丹尼尔·卡纳曼提出的，人们一直认为金钱使他们幸福的原因就是追逐金钱来达到传统意义上的成功。事实上，拥有大量金钱和地位的人只是对他们的生活感到满足，而不是幸福。

慕尼黑的幸福感研究者贝尔德·郝尔农认为："幸福是一种主观上的舒适，某个人认定了自己身心都感到舒适，便可以称自己是幸福的。"而美国专门从事幸福感研究的心理学家则将这种"主观上的舒适"细分为三个要素：

1. 生存所需要的满足感。

2. 时常感受到积极情绪。

3. 能够化解消极情绪，特别是抑郁、偏执和恐惧。

满足感只是幸福的一种表现或是得到幸福的先决条件。满足感能够持续一段时间，而幸福则不能，它们根本不在同一个层面上。可以说，幸福是满足的巅峰体验，如果人们各种欲望对应的满足感就像是一座山，那么最顶峰的那一点才是幸福。满足不一定会令人流泪或是欢呼，但是，幸福绝对可以。

当我们回首自己的人生路，会发现生活满足感并非停留在某一个程度，而是按照一定趋势向上发展。如果只是满足生理上的需求，我们不会得到真正的满足。我们能够明显地感觉到，与吃一顿饱饭相比，凭借自己的劳动来赚得一顿饭肯定更有成就感，让你更能感到幸福。其实人们对幸福的感受会比对满足感的程度更深一点，幸福是一种比满足感和舒适感更强烈一点的感觉。

有这么一个哲学命题：这个世界上有两类人，出两块钱让其中一类人去挑一担水，他们一定会去做，因为他们想，多挑几担水，不断积累，等有了点积蓄后再做个生意，我就发财了；而对于另一类人，即使出 10 块钱的好价钱让他们做同样的事，他们也不会去做的，因为他们是这样想的：10 块钱又怎么样呢？挣到了钱，却又花光了我还是穷啊。

后一类人总是笑前一类人，你们那么拼命奔波赚钱是为了什么？还不是为了享乐，活得快活，我们什么都不做，就活得快乐潇洒，你们那么拼命不也是为了追求这种境界吗？

如果你认为一个人的人生目标只不过是一种难以捉摸、毫无意义的感觉，那么生命实在算得上是一场悲剧。然而，你又不断注意到人们花很多时间来追求幸福，那么，你会忍不住得出什么结论呢？你也许会说，"幸福"这个词并不是用来指代任何一种美好的感觉的，而是用来指代一种非常特别的、只有通过特别的手段才能够获得的美好感觉。

一个人，尤其是所谓的功成名就的人，在回顾他走过的道路时，他一定会发现：所谓的幸福，并不在于愿望得到满足，而在于内心里永远存在希望的感受，哪怕内心里的愿望一辈子都有可能得不到满足，但这个愿望的本身就已经会令你得到快乐，会激励着你不断前行。我们追求幸福的过程，就是在追求这种满足感与舒适感，即使生活并非都如我们所愿，但是这种满足和舒适的感觉累计到一定程度，我们就会发觉幸福的到来。

言不由衷的伪幸福

幸福，还是不幸福，有时我们很难用这么一个非此即彼的说法来准确地描绘出现代人的生活状态。于是，出现了一个新词——"伪幸福"。

"伪幸福"，从字面上理解，即为不够幸福，类似于"亚健康"（介于健康与疾病中间的一种状态）一说。亚健康者，他们总是感觉不舒服，但却查不出任何器质性病变。而"伪幸福"则是介于幸福与不幸福中间的第三种状态。看上去生活状况不错，但却很少感到幸福，有可能就是"伪幸福"一族。

一个男孩对心理医生说："世界上最大的不幸终于发生了，我最爱的女孩结婚了，新郎不是我！我参加了她的婚礼，新娘美得让人心疼，眼睛亮晶晶的，像是有泪。从此我再也没见过她，没收到她的任何消息。我想她一定不幸福，因为她最终没有嫁给她最爱的人，她现在一定后悔她自己轻率的选择。"

他讲到这里，心理医生问他："听起来你非常爱她？"

"是的。"男孩肯定地回答。

"你因她的痛苦而痛苦，为她的幸福而幸福？"

"是的。"

"那么我问你，你说她现在不幸福，是听她说的，还是听她父母说的？"

"都不是，是我这样想的。"

"听着，年轻人。"医生语重心长地说，"你所有的烦恼都是因假设她不幸福引发的。既然只是假设，你还可以有另外一种假设，就是假设她是幸福的。"年轻人听了后想了想，微笑着起身向医生道谢。

这是一个高明的心理医生，他只是用了一个假设的方法，就帮助那个男孩找回了消除痛苦的方法。因为，那个男孩的烦恼是从他假设他爱的女孩不幸福引发的。

吗啡模拟了人类幸福时的分泌系统，吗啡是山寨版的幸福物质，吗啡让人不费吹灰之力，就获取了原本需要长期艰苦努力才能取得的欢愉，吗啡让人类的幸福速成而又廉价。

但是，吗啡在带给人短暂的"伪幸福"之后，人的身体就进入了成瘾的状态。它再也不是原来那个朴素而有节制地享受幸福的身体了，它变得贪婪而失控。它对毒品的渴求越来越烈，毒品已经成了一种罪恶的"营养素"，整个神经系统对它形成了不可遏制的依赖。它们就像干渴的土地，需要毒品定时来灌溉，只要供应不上，机体就变成了一架疯狂的机器，引起一系列极为痛苦的症状。

为了防止这些症状出现，吸毒者只有不断寻找毒品，饮鸩止渴。随着时间的推延，吸毒者对于毒品的需求越来越大，两次"灌溉"之间的距离越来越短。这时候，吸毒者就完全沦为了毒品魔爪中的"人质"，他们每天唯一的念头，就是不惜一切手段去攫取毒品。他们在败光了自己的财产之后，开始贩卖毒品、杀人越货、无恶不作。

同样，当爱情进入空头，究竟要硬拗下去，还是该认赔杀出，在相处的过程中，总会有足够的讯息告诉你，身边的这个男人是否值得你继续耗下去。

在爱情里没有公式可循，每一个人都是个案。你要诚实面对自己，你要的是真幸福？还是假幸福？或许，有人宁愿守着千疮百孔的婚姻，也自认是一种幸福。或许，有人会以为伪装幸福久了，就真的变得很幸福。是不是真的很幸福，其实，只有当事人才知道，别人无从置喙。

幸福来源于生活，而不与生活相违背。凡是与生活相违背的幸福，便不能称作真正的幸福。追求幸福，就必须要学会识破幸福的假象，千万别做傻里傻气的猴子，水中捞月，辛辛苦苦，白忙碌一场，最后什么也没有得到。

一位网友在博客中写到，无法获得恒久的幸福感，就只能用暂时的幸福感欺骗自己，比如："买下一双高跟鞋，刷卡那瞬间，幸福感 3 秒；品一杯醇厚香甜的热巧克力，吞咽那瞬间，幸福感 5 秒；拥一床好质感的棉被入眠，跌落梦乡那瞬间，幸福感 8 秒。"

幸福是慢慢沁入我们的生活的，这就需要我们用心去生活，用心去感受。而幸福的假象，就好像是海市蜃楼，虽然刚开始出现的时候，会令我们兴奋不已，觉得生活突然变得如此美好。但是，海市蜃楼终究还是要消失的，因为它只是一种幸福的假象而已，我们没有必要为它苦守一生，追求一生。

因此，让我们勇敢地抛开这种幸福的假象，真正地感知自己内心的真实意愿，不要活在别人口中的伪幸福中，勇敢地把握自己真正的幸福吧！

幸福不是二进制的非此即彼

二进制是计算技术中广泛采用的一种数制。二进制数据是用 0 和 1 两个数码来表示的数。它在某种程度上也是表明不是 0 就是 1，非此即彼。幸福的"二进制"指的就是要么幸福要么不幸福的极端情况。

小时候，孩子看小人书、看电影的时候，总会爱问大人："这是好人还是坏人呢？"在孩子的意识中，这个世界上的人，如果是好人，就是可以接近或信任的人；如果是坏人，就是坚决不能理睬的人。在孩子幼小的心灵中，这个世界上就不存在不好不坏的人。大人们也是时常将"好人坏人"挂在嘴边。

这种"非此即彼"极端对立的思维模式经常出现在我们的日常生活中。例如，我们常听到这样的话：你是要你的胳膊，还是要你的腿？你是要你的母亲，还是要你的夫人？你是要成功的事业，还是要幸福的家庭？你是要金钱，还是要你所喜爱的工作？……

实际上这些事情常常都是同时成立的，甚至是可以同时实现的，而非绝对对立的。一个人若吃得起熊掌，也一定吃得起鱼，所以鱼和熊掌很多时候也是可以兼得的。

假如钱越多越不幸福的话，钱越少就越幸福吗？现实中普遍的情形是，很多的低收入者羡慕高收入者，而很少有高收入者羡慕低收入者。

金钱的确不能等同于幸福，也买不来幸福。但是，如果使用得当，金钱有助于幸福。金钱固然买不来朋友、买不来父母，但是能买来许多生活必需品，如房子、家具、衣食和玫瑰花。

丹麦哲学家克尔恺郭尔曾说过这样一段话："如果你结婚，你就会后悔；如果你不结婚，你也会后悔；无论你结婚还是不结婚，你都会后悔。嘲笑世人愚蠢，你会后悔；为之哭泣，你也会后悔；无论嘲笑还是痛哭，你都会后悔。信任一个女人，你会后悔；不信任她，你也会后悔。吊死自己，你会后悔；不吊死自己，你也会后悔。"

中国作家张抗抗曾写过一篇散文《女人为什么不快乐》，文中列举了许多不快乐的女人"老公没钱的女人不快乐，老公有钱的女人也不快乐；美丽的女人不快乐，丑陋的女人也不快乐；结婚的女人不快乐，独居的女人也不快乐；贤妻良母型的女人不快乐，女强人也不快乐……"。

从哲学家和作家的思想中我们可以看出，幸福存在于一个连续统一体。人类的生活既不存在绝对的幸福也不存在绝对的痛苦，生活的感受本来就不是非此即彼的幸福与痛苦。幸福与痛苦本来就是浑然一体的，只是被人类人为地割裂了。其本真的状态就是"混沌"状态，因为人为地分开导致"混沌"消失，幸福也就远离了我们。

有一位年富力强的处长在职务竞选中失利了。他对自己评价道："我输掉了竞选副厅的机会，今后我再也不会有发展前途了，一切都归零了。"这类人一遇见挫折，马上就会产生彻底失败的感觉，随即丧失的就是自信，他们会觉得自己已经不具备任何价值。

学生害怕考试是正常的事。有的学生，平时成绩一直是 A，偶然在一次考试中得了 B，随后就说："我现在算是全失败了。"

稍遭遇点坎坷，就从一个极端走向另一个极端。面对高考落榜，就认为自己是彻底的失败。"我没有考上大学，我的一生就要完蛋了。"

只要生活中出现失利的事情，这样思考问题的人就会倾向于用一种非黑即白的方式去评价事情。面对爱情，会觉得爱情这东西，不是快乐，就是痛苦；对结果，如果不能达到自己制订的"完美"标准，就觉得自己"完全"失败了；一遇挫折，就会有彻底失败的感觉，认为自己不再具有任何价值了。

"非黑即白"带来的结果：自己不信任自己，自己否定自己的幸福。

欧文走进咨询室的时候已经是一个有6年工作经验的老员工，但他自述在工作中很难找到认同，并时时觉得痛苦。

欧文最近参与了公司一个新项目，随着项目的进行，客户不断会提出新的要求，欧文认为其中有合理的，也有不合理的。对于自己认为合理的要求，欧文会全力满足，而对于觉得不合理的要求，则会直接拒绝。直到引发客户的投诉导致上司介入后，他也坚持认为自己是对的，上司的妥协是没有原则的表现。在欧文的职业生涯中，这样的情形重复出现，同事们都评价他是一个努力、认真但过分固执的人，这让他对职场充满了失望，并常常有孤军奋战的感受。

欧文固执地相信："真理只有一个，所以，不是对的便是错的，不是好的便是坏的。"

欧文的苦恼源自于他陷入了心理学上常见的"非此即彼"的认知曲解中。我们身边不乏这样的人：对任何一件事情，他一定要分出个是非对错，世界在他们眼中是一分为二的，不是在这一面，就是在这一面的反面。

正如亨利比群说过："当一个人标榜他已做到十全十美的地步时，他的容身之处就只剩两个地方：一个是天堂，另一个则是疯人院。"

有一个很简单的办法，可以改变非黑即白、非此即彼的思维习惯。就是学会保存一个"中间地带"，放弃完美主义情结。

大千世界不乏"中间人物"：比坏人好，比好人坏的人到处都有。男女间会产生爱情，也会产生友谊；做不成夫妻就做朋友，做不了朋友就当陌路人，不至于非要做仇人；一次失败并不表示自己永远不会成功，失败只是成功的一个过程，每个成功者都有失败的经历；这件事情做得不够完美，我们还有机会从头再来。

很多人有过这样的体验：当对一个原本不喜欢的人看法改变后，忽然觉得这个人的长相也变得顺眼起来了。

任何事情不可能只有对或错，好或坏两种绝对的结果。每件事情都会有它的灰色地带，那就是不好也不坏。幸福也是一样，它不是二进制的"非此即彼"，不是单纯的只有幸福与不幸福的区分，也存在着幸福与不幸福的中间状态，如果简单的用幸福或者不幸福，用好和坏来判断事情，这会影响一个人对自己以及对别人的幸福评价。

幸福是速食面，还是免疫针

很多人都有这样的经历，漫漫长夜，用电热杯煮着一包方便面，饥饿寒冷瞬间消失，泡面带来的幸福感让人心满意足。所以，有人感慨幸福就像一碗速食面。

其实，吃过泡面的人多半都有这样的体验，方便面正在泡时飘出的味道确实让人充满期待，然而揭开盖子吃上一半时，就有想放弃的念头。速成的快乐少了很多幸福的味道。现代人要求一切都要快，快得让人无法喘息，过去谈恋爱需要一两年才敢称的上彼此了解，现在一顿晚餐就可能情定终身；风行的快餐、茶餐厅掠夺了人们细嚼慢咽、享受美味的那份惬意；书信往来被网络聊天毫不留情地替代。

当速溶咖啡刚刚问世时，并不受欢迎，上流社会的女人们觉得它节省掉的是优雅，而不是时间……但速溶咖啡却还是慢慢地取代了现磨咖啡，而在当今社会的高速发展中，速溶咖啡也渐渐被听装咖啡饮料所取代。

从某种角度上说，"幸福"是一个过程。一个人在其一生的各个阶段中，都有他需要去经历的事情，这样的人生才完整。

为什么那么多人，努力了一辈子，去找寻幸福，可到头来却什么也没找到呢？因为他们苦苦追寻的目标是空幻的，是一个影子，永远都不可能得到！

没有一条能够通往幸福的路，幸福本身就是路。幸福不是一个终点或目标，幸福是一个过程。幸福是在孜孜不倦的追求中所经历的成功和喜悦。

有人总是说服自己，认为当结婚、生子后日子会过的更加舒心些。等到结婚生子后，却又被孩子的不懂事搞得不顺心，于是又想，孩子大了后，或许情况会好些吧。当孩子到了青春期的时候，却又陷入了两代人无法交流的苦恼中。于是又深信当他们过了那个年龄段后，事情就会有些转机……

我们总是对自己说，当另一半有条理地过活时，人生就会很圆满。当我们买了一台漂亮的车子后，我们认为可以在年老退休后开去度假。可是真正的生活根本就不是这样的，如果你等某事的发生，如果你靠外界因素决定你是否幸福，那么，你就永远不会有幸福。正如阿尔弗雷德·苏泽说的："一直以来，我感觉到真正的生活就要来了。但是在前面总有些东西拦在那里，一些问题必须先被搞定后才能进行下一项，比如未完成的工作，和未交钱的账单。"

增强幸福感最好的方法就是尝试、汲取经验，同时关注内在的感受。大多数人都忘了问自己最重要的问题，只因为我们太忙了。就像梭罗所说："生命并不长，别再赶时间了。"如果老是马不停蹄地前进，我们等于只简单地对每日的生活作出反应，没有给自己时间去创造属于自己的幸福。

这是一个快中求更快的时代，原本我们是可以选择生活的，现在却意想不到地被生活选择利用了！削一个苹果，不如吃一堆维生素药片。于是，我们每个人成了"速成生活"的炮制者。

幸福的人一样要去面对困难，克服生活里的种种障碍，像弗兰克所说的："人类需要的不是一个没有挑战的世界，而是一个值得他去奋斗的目标。我们需要的不是免除麻烦，而是发挥我们真正的潜力。"

一名 17 岁的品学兼优的男孩子，因为高考之前的两三天突患重感冒、高烧不退，影响了自己的考试成绩，榜上无名，便产生了轻生的念头。

他趁家中无人，从四楼的窗口跳了下去……经过抢救，命是保住了，但布满荆棘的灌木丛刺穿了他的双眼，他的余生从此将在永远的黑暗中度过。曾经是英俊活泼的翩翩少年，刹那间却成为一个令人怜悯的盲人，这是让人无论如何也接受不了的事实。

几天来，他一言不发，粒米未进。一位照顾她的护士实在是心疼他，于是她用好听的声音讲故事，讲那些病人向死而生的勇气，讲医院的生离死别。

听完护士的一个个故事，男孩久久不语。他双眼紧闭，但眼皮不停地跳动，显然，他的心也在怦怦跳动。

一年之后的一个新年，护士收到了一张贺卡。是火红火红的颜色，打开来看，一行盲文映入眼帘。这是她有生以来第一次见到盲文。在盲文下方，那个 17 岁的男孩，不，应该是 18 岁了，他用歪歪扭扭却坚定有力的笔迹写下了一句话，字迹重叠，几乎令人无法辨认，但她还是很快、很准确地将它认了出来——命运出错，我不能错。

经历困难可以让我们更珍惜快乐，不再认为快乐是理所当然的，同时对生命中大大小小的欢乐表示感激。对生活心存感激本身也是生命意义和快乐的重要来源。

矛盾和困难是生活的本质，永远不会离开，那我们要适应。当你遇到困难的时候，想想人生长河，真没什么东西可以值得我们伤心的。我想快乐，不是我们生活的本性，而是因为有痛苦的存在，我们才不屈不挠，追求快乐，珍惜快乐。

我们不需要免疫针，世间的痛苦与快乐是相对而生的，谁也离不开谁。有些人只要快乐，不要痛苦；只要顺境，不要逆境。其实没有痛苦就没有快乐，不经历逆境，就无法体会到顺境的可贵，就像现在大多生长在衣食无忧的环境下的孩子，很难生起幸福感。因此，痛苦使快乐更快乐，不幸使幸运变得更幸福，就如疾病使健康变得可贵，贫穷使富有变得幸福。

幸福与不幸是相对的，是可以相互转化的。"祸兮福所倚，福兮祸所伏"是老子重要哲学思想之一，也已经成为千百年来我们国人的生存哲学。祸因福而生，人遭祸而悔过自责、修德行道，则祸去福来。祸藏匿于福中，人得福而骄傲，则福去祸来。幸福会转化为不幸：有父母溺爱的孩子是幸运的，但在父母溺爱中长大的孩子，往往走上社会后不能独立，这就是不幸的；生长在富贵之家的孩子是幸运的，但这样的环境往往会造成孩子不知珍惜财富，娇生惯养，挥金如土。不幸会转为幸福：如逆境中长大的孩子，生存的坚苦和艰难往往会催其奋发向上。顺境使人陶醉，逆境使人清醒。因祸得福，塞翁失马等都说明了幸运与不幸相互转化的道理。

不幸中包含着幸福，幸福中暗蕴不幸。人因为偏爱于某一点，才觉得自己幸福或不幸。希望成家的人，谈上合适的对象，觉得幸福；找不到理想的对象，就觉得不幸。其实幸福中包含着不幸，比如：财富多，担心被绑架；社会地位高，行动不自由；事业做得大，闲暇时间就没有了。不幸中包含着幸福，比如：没有地位、名誉，就不会被地位、名誉所累；没有事业，就不会被事业所累；没有家庭，就不会被家庭所累。

都市快节奏的生活蒙蔽了我们的双眼，使我们摸不准什么是幸福，所以我们浑浑噩噩地过着这种所谓的追求幸福的生活。殊不知，幸福就是饥饿时的一碗速食面，看似不显眼，其实一直都在我们身边陪伴。幸福也是我们对生活的一剂免疫针，拥有幸福，我们可以对生活中的所有一切不如意不美好的事情产生抗体，从而使我们永远地拥有幸福的感觉。

幸福就是老天给什么，都是享受

有一则故事是这样的：

有一个女孩，在沙滩上意外释放了一个被禁锢已久的精灵。

为了答谢她，精灵说："我可以赋予你理想的人生。只要你能从沙滩上捡起一个最完美的贝壳。贝壳愈美，你的生活也会愈美。"

但精灵有一个附加条件："你只能笔直地往沙滩走，不可以回头。而且，你一次只能捡一个贝壳。换句话说，如果你看到其他更美丽的贝壳，就必须放弃手上已经捡起的那一个，才能再捡。"

女孩开始仔细地搜寻沙滩。虽然捡到了漂亮的贝壳，但女孩心想："沙滩上一定还有更美的！"

于是，她捡起了一个个贝壳，却又放弃了一个个贝壳。

沙滩走到尽头，她才赫然发现，自己手中握着的贝壳平凡无奇，根本远远比不上先前捡拾的美丽！但是，这时候后悔已经来不及了……

这就是人性，放弃的永远都是最好的！

我们总是希望自己银行存款再多一点、权力再大一点、脑袋再聪明一点……当然，如果我们的容貌能再美一点、帅一点，那就太棒了！

其实，我们从来没有错过幸福，也不必望眼欲穿地期待幸福降临。因为当下就是幸福，只要我们去照照镜子，就能见到世上最幸福的人！

星云大师曾经说：幸福不在于物质上享有多少，而是感觉拥有多少。没有人能够掌控生命中随之而来的变量，但是我们可以决定面对它的态度。我们总是忘记了，幸福不是获得我们还没有的一切，而是认识和欣赏我们所拥有的一切；不是依赖任何外在的人或事物，也不是来自变幻无常的情绪与感觉，而是一种清楚、愉快与平静的状态。

小枫出生在一个贫穷的农民之家。母亲从他记事时起就常年有病，每天吃的药和饭一样多。由于贫穷的原因，父母的脾气都不太好。因此自打他记事时起，他就生活在担忧和恐惧之中。

上小学一年级的时候，他妈妈因为病重去县医院住院，一住就是一个多月，爸爸除了在田地里干活，就是去县医院看护妈妈，根本就没有时间和精力照顾他。他家和奶奶家的关系又不太好，因此他也很少得到奶奶的关怀。爸爸妈妈不在家，他要想上奶奶家吃饭，就要从他家带一瓢面。因此他很少到奶奶家吃饭。他不是自己做饭，就是让同学的妈妈帮助做一下。他自己只会熬粥，当时他家用煤块烧火做饭，烟熏的泪和辛酸的泪混合在一起，真是饱尝了艰辛的滋味。

妈妈出院之后，病并没有好。爸爸从邻居处找到了一个偏方，妈妈吃了之后，病情有所好转。之后爸爸又一边自学中医，一边给妈妈开药，妈妈就这样慢慢脱离了危险。可是打那之后，妈妈每天都要吃药。他每天都在担心妈妈会离开他。

在这样的环境中，小枫渐渐长大，他以年级第二的成绩考上了中学。随着年龄的增大，他逐渐地意识到自己家庭的贫穷，也逐渐地感到社会的压力。

他不甘贫穷的命运，觉得只有走出家门，才是自己的唯一出路。可是他又背负着沉重的心理负担，不能安下心来好好学习。

上了高中之后，他的心理压力更是有增无减。家里的贫穷，使他无颜在村里立足。每天他在天没亮时上学，在天黑时回家。他一米八的个子，不能为家里做贡献，还花家里的钱，看着父亲操劳，他心里非常地焦急。可是上学之后，又无法安心学习。

好在他一直没有放弃，经过几年的努力，小枫终于考上了大学。毕业之后，他又为分配担忧，有了工作之后又为谈恋爱担忧，又为结婚担忧。总之这么多年，他一直生活在压力之下，生活在担忧之中。

而立之年，他终于醒悟过来，一个人只要学会享受生活，热爱生活，无论他生活在什么环境中，都会发现生活的美好！

人活着，还要懂得享受生活，不要把全部精力都放在争名逐利上，这样往往会得不偿失。人在努力的同时，要懂得享受生活的幸福。

人生路上，有太多不可预期的事情，懂得尽情享受老天所给予的一切，那么不管处在生命的低谷或高峰，都能够看见幸福，享受幸福。

乐观的人容易遇上有趣的事，如果你常常不开心，可能你已忘了快乐的节奏感。只要你常到使你快乐的地方，再花点心思，留意周围的事物，你不难发现一些令人开心的事物。其实快乐是无处不在的，只是一直被我们忽略了！

2012 年 1 月，惊悚电影《惊魂游戏》看片会在北京举行。导演周耀武率主演胡兵、赵铭亮相。离开中国五年了，胡兵说自己改变挺大，"改变的是心态，现在更成熟"。胡兵透露，这些年他在美国学习电影表演和吉他，他坦言："我现在 40 岁，我享受 40 岁的快乐。虽然拍摄《惊魂游戏》的条件十分艰苦，但我苦中作乐，将拍摄视为一次回归自然的旅程。"

岁月对我们来说，永远是一条绵绵不绝的河流，生命正是一条载着理想、幸福和快乐的航船，只要航船还行驶在水面上，就要痛痛快快地享受两岸美丽的风光，就要尽情地享受那托起航船并把生命航船推向前的河流的力量。

只要我们的心态不老，我们就会感受到自己的年轻；只要我们不绝望，那未来就会永远地属于我们；只要心里还有梦，我们就没有时间叹惜那似水流年悄然而逝的光阴。不管生活给我们的是什么，我们都要快乐地接受它，用心感知它，然后我们就会发现原来这就是幸福，原来幸福就是不论老天给我们什么，我们都能享受到上天赐予我们的生活，感知到这种生活中的幸福。

边际收益：无法摆脱的幸福递减律

一位美国青年在非洲沙漠里口渴难熬，当时得到一杯净水，给他带来无比的满足与幸福。而当他回到美国，到处都有饮用水，一杯净水给他的幸福感降到零。

朱元璋还是个穷小子时，一天又饿又病，乞得一碗吃剩的汤水，上面漂着几片青菜，还有几块豆腐，他觉得滋味美极了。后来他当了皇帝，山珍海味越吃越没胃口，下旨御厨做当年的所谓"翡翠白玉汤"，可是御厨做来做去，也做不出朱元璋要的当年的美味。

上述两件事情表明，同样的物品，对处于不同需求状态的人，其幸福效益是不一样的。这在西方经济学中，把它概括为"边际收益递减规律"。这就是说，人从获得的物品中所得的追加的满足，会随着所获得的物品增多而减少。

　　我们不妨把这个"边际幸福感"作为金钱和幸福感的桥梁来考虑。当你获得额外的一个单位的金钱，所得到的幸福感为正，那么可以说，我们会感到幸福。当然，边际幸福感会随着持续增加而单位削弱。另外，当收益持续增加，而边际幸福感呈现负数的时候，我们则体会不到幸福的存在。

　　从上世纪 70 年代开始，美国的经济学家就已经发现，经济增长并不必然带来满意度。总体说，有钱人比穷人幸福，一个贫民窟的穷人突然变成中产了，他会非常幸福；但在达到一定水平之后，金钱对幸福的影响程度会越来越小。

　　简单地说，就是收入越少的人，增加边际收益所付出的成本就越少。收入越多的人，也就是越有钱的人，其想增加相同的幸福感所付出的成本就越高。当边际收益超过一定的比例的时候，他所获得的幸福感就无法补偿他所付出的成本。

　　某人是公司小职员，做图片处理工作，月薪 2000 元。其公司的老板，每天都要处理很多事务，月薪两万元。小职员某天得知要涨工资 300 元，但是要多做一些图片处理工作。小职员心里很高兴，因为多做些图片处理没多少难度，每个月比以前多拿 300 元，当然感到非常幸福。公司经理，想给自己两万元的月薪上增加 3000 元，他要考虑整个公司的规划、运作、控制、反馈等等系统，通过严格制订计划到最后反馈系统完成，使得公司的收入增加了若干。然后从利润中给自己增加 3000 元收入。经理觉得这次非常累，还不如不拿 3000 元，不用这么费劲干活，两万也能够过得很好。此时，他的幸福感为负，他觉得非常不幸福。

　　金钱和幸福的关系并不是正相关的关系。我们不要对金钱有某种思想上的倾向，它只是一种为我们带来幸福的工具。幸福要靠我们自己把握。

　　小的时候，经济比较落后，能吃上一根麻花就会感到非常幸福。可是，现在可能没有人会说因为吃了一根麻花而感到幸福了。

一位同学拿到一份美国大学的录取通知书，全家人高兴得不得了。可是，几天之后，该同学又拿到几所学校的通知书时，就不那么兴奋了，好像无所谓的样子。这也就是为什么人是要不断进取，追求挑战，寻找新的刺激的原因。并不是有钱、有房、有车、或是有事业的人就得到了幸福。因为幸福是没有办法留住的。由于乞丐的起点低，一个馒头，一个苹果都可能让他满足，他的幸福感容易实现。相对而言，要想让国王满足，那可能只有新得到一片沃土，他的幸福就不那么容易得到满足了。

此外，要控制"幸福递减"，还在于要"恒念物力维艰"，"常思一饭一粥来之不易"。先哲们早有这样的话：得之愈艰，爱之愈深。如果认为自来水真的是"自来"的，取之不尽，用之不竭，那自然就不会珍爱它了。

所以可以用偶尔断水来教育一下那些不懂珍惜的人，让他们认识到水的来之不易，水的弥足珍贵，从而在对自来水的享用中，增添了珍贵感、幸福感。

初恋的感觉，就好像沙漠里久未喝水的人的第一口水，第一次牵手，会让你全身发麻，三天不忍洗手。到了第一次接吻，那更不用说，全身的激素都分泌了，等你领到结婚证了，那时你对接吻的感觉就好像是轻车熟路了，技巧可能越来越高，远没有第一次的慌乱，感觉远远淡过第一次。再牵爱人的手上街，只能当作一种联系的表示。爱情也悄悄地转化为一种亲情。每次上下班匆匆给爱人的一个吻，也许慢慢会就成蜻蜓点水，甚至变成一种负担。

"七年之痒"的来历，大致也是如此，想当初恋爱时的风花雪月，花前月下，对方在你的眼里都是最美好的，几乎没有错误，缺点也成了优点。

某电视台组织了一个叫《家庭生存体验》的节目，每次派出两个家庭的全体成员，不带分文，到一个陌生的城市去寻找生存之路。结果，几乎个个历尽艰辛，但又个个感触很深。有了困难，才知每一分钱来之不易；有了困难，才知人间真情是多么的温暖。

现代人的生活有太多的物质刺激，物质的丰富并不能代表我们精神的富足，许多人对于平常的幸福就少了一份珍惜。每天下班回家时，已经准备好的饭菜，也许没有外面的可口，但有人天天在想着你的营养搭配。你一直干净的衣服和时常整洁如新的家，你疲惫或生病时毫无保留的关怀。

一个电话，一个眼神，甚至一次责骂，也是对爱情的表达和延续。点点滴滴的感受，没有了最初的轰轰烈烈，没有了最初那种排山倒海的幸福冲击，有的只是生活的甜蜜和安宁，有的只是风雨共济的支持和陪伴。那是不是生活所赐的幸福？从来就没有日日欢歌的生活，最终的一切都将归于生活的平淡。那样，幸福才能永不递减，而是在一点点地累积，直到相伴到另一个世界，我们还相约来生。

第二章 你为什么不幸福

生活水平在提高，抑郁症却在加剧

人之所以不幸福，不是因为我们占有的东西太少，而是想要的东西太多。大千世界无奇不有，面对这么多的引诱，我们不可能不动心，不可能不奢望，不可能不空想。但是什么才是适合自己的，什么才是自己需要的，这点我们必须认识到。

人之所以会痛苦，就是追求得太多。人生在世，不可能事事顺心，不要经常感到自己很可怜，其实世界上比我们痛苦的人还有很多。明知道有些理想永远无法实现，有些问题永远没有谜底，有些故事永远没有结局，有些人永远只是熟悉的陌生人，可还是会在苦苦地追求着、等候着。

人之所以不幸福，就是没有知足心。每个人对幸福的感觉和请求都不相同，一个容易知足、懂得满足的人才更容易得到幸福。有一句话说："幸福就如一座金字塔，是有很多层次的，越往上幸福越少，得到幸福绝对就越难；越是在底层越是轻易觉得幸福，因为从底层逾越的层次越多，其幸福感就越强烈。"幸福其实就是一种期盼，是一种发自内心的感受。只要我们专心去发现，用心去感触，你就会发现幸福其实就在我们身边，只是这样的幸福常常被我们疏忽。

人之所以不快活，就是计较得太多。不要看到别人过得幸福，自己就有种失落和压抑感。其实你只看到了表面现象，或许实际上他过得还不如你快乐。人的愿望是无尽的，人人都在寻求高品质的生活，人人都想得到自己想要的生活，人人都在为了自己的目的，终日里繁忙着，斗争着。得到了，开心一时；得不到，痛苦一世。

幸福是自己的感觉，需要自己细细去领会。人们对于幸福的定义也都是源于对于需求的追求。幸福的间隔，有时近，有时远，好像近在咫尺，却又可能远在天边。安静的生活就像一杯白开水，喝起来淡而无味，但它恰恰满足了我们的某种需求，让我们在平庸中品出了甘甜和幸福。

人，永远是抵触的主体，常常处在迟疑和向往的迷惑中，夹在世俗的单行道上，走不远，也回不去。世界上没有白璧无瑕的东西，不完善其实才是一种美，只有在不断完善，不断承受失败与挫折时，才会发现快乐。人生总有一些必须要去追求的东西，但是到底什么才是我们要追求的？这是在行动之前必须了解的事情。幸福是一座金字塔，它是具有一定的阶段性的，谁也不可能一口吃出个胖子，一下子就登上了幸福的顶端。但是谁也不会只满足于最底层的幸福，那样反而会觉得自己不幸福。

因此，我们要正确地认识幸福，坦然面对所有，让一切顺其自然，这样你才能让自己轻松自由。在正确的思想指导下，慢慢攀爬，日渐幸福。

虽然我们都渴望幸福，但是不得不承认，有时候我们的内心很郁闷，而且有这样抑郁情绪的不是少数人，而是很大一部分人群。研究表明，世界上出现了越来越多的抑郁症，还有越来越多的焦虑症。

现在的抑郁症病例比 1960 年高 10 倍，部分的原因是人们的意识程度高了，我们对抑郁症的诊断更准确；但这并非全部原因，还因为抑郁症在客观上增加了——其中的一种迹象就是自杀，自杀人数在世界范围内明显上升，现在抑郁症人群的平均年龄小于 15 岁。

2004 年发表在《哈佛克里姆森报》的一篇文章认为，经过 6 个月的研究，哈佛大学八成的学生在过去一年都经历过抑郁期，我们说的不是大多数人一天里经常出现的情绪起伏——我们说的是抑郁，它会持续一段时间。研究表明，47％的哈佛学生在过去一年，经历过无法正常生活学习的抑郁期，他们无法出门，他们要痛苦地度日。其实，这样的情况各个校园都有，不仅仅是在哈佛，这绝对不是哈佛仅有的现象。

在医学领域的领先杂志《新英格兰医学杂志》上又有这样一篇文章，文章中谈到了一项调查，调查对象是英国的 13500 名大学生，他们来自不同类别的学院：大学、公立学校、私立学校……他们在这项重要的研究里发现，全国 45％的大学生在过去一年，经历过无法正常生活学习的抑郁期。

《哈佛克里姆森报》的数据是 47％，《新英格兰医学杂志》的数据是 45％，基本上一样，两者之间的差异并不大——这是一个全球性的现象。这份研究表明，全国 94％的大学生，因为他们必须要做的事而不堪负重，这本应该是我们一生中最美好的四年。不仅是美国才有这种现象。在欧洲，包括英国，法国，以及中国，澳洲……所有这些地方，政府都非常担忧，大学校长们都非常担忧越来越多的抑郁现象：焦虑、精神紊乱、自杀率的上升，上面提到的所有国家或者地区都是如此。

面对这种现实，我们不仅疑惑，我们究竟是如何遗失了对幸福时刻产生感悟的那种能力的？有时，面对内心的隐蔽之处我们会感到坐立不安，这种恐慌的根源又是什么？为什么我们总是感到要想找寻到自身的成就感竟是如此之难？产生这些问题的原因就是在我们生活中出现"偷窃幸福的盗贼"——抑郁症。

医学专家认为，抑郁焦虑这一情况的出现和患者的心理、社会、环境因素都有关系。这种心理疾病不但会危害心理健康，在一定程度上还会诱发更多的生理疾病，抑郁焦虑的危害主要有以下方面：

1. 在经过长期的医学研究后人们发现，一个人一旦出现了抑郁焦虑的现象，那么他患心脏病的危险性增加两倍，遭遇中风的概率增加三倍。因为，心情抑郁会使自主神经系统发生变化。

2. 抑郁焦虑还会影响大脑，导致头昏、记忆力下降以及睡眠障碍。研究资料显示，患者中有这三种症状的比例分别高达97％、93％、99％。这是因为抑郁焦虑能造成脑中儿茶酚胺浓度增高，导致脑血管收缩变细，致使脑组织缺血缺氧，进而影响大脑功能。

3. 抑郁焦虑还会缩短一个人的寿命。一项历经 40 年的研究发现，这种疾病导致功能失调而引起的死亡率，同癌症、糖尿病和心脏病人的死亡率一样高。不仅如此，当然这种疾病的发病率女多于男，但男性患病的后果要严重得多，因为男性自我宣泄能力差，最后可能会选择极端方式来解脱，故男性患者的自杀率几乎是女性的四倍。

当下，抑郁症已经发展成为危害国人身心健康的一大隐形杀手。但最让人疑惑的是，我们为什么会患上抑郁症？随着社会的发展，GDP 的飞速上攀，按理说我们的生活水平提高了，相较于之前的苦日子，我们不知道幸福多少倍。可是那时候反而没有多少人抑郁，现在抑郁症就像感冒一样，可能稍不留意你就中招了，这究竟是为什么呢？

我们听到最常见的原因就是：人们生活压力的加大，使我们都"抑郁"了。有人整天忙着上班，忙着挣钱，可工作的不顺心让他百感疲惫、焦虑、无奈、情绪低落至谷底。这些负重都积压在自己的心上，又有什么精力能够让你静下心来感受幸福呢？2012 年，由中国健康教育中心、卫生部新闻宣传中心联合礼来制药举办的"促进职业人群精神健康项目相关会议"上透露：我国将近有一半的职场人精神抑郁。

重压下的工作，追逐名利的心，变淡的人情世故等等，就像一场繁华却于外盛开，而疲劳、孤独、落寞的情绪就像心中的荒野，人们只关注外在的景色，却忽视或很少关注自己内心、精神、思想的建设，使得抑郁泛滥成灾。身处职场不容易，要面对工作和生活的双重压力。但生活中还有那么一部分人，一人宅在家里，虽然不愁吃喝，可内心的空虚却无法填充，整天无所事事，不爱运动，懒散、失落、孤独寂寞、无聊，虽然并没有遭受压力的侵袭，但是苦于生活的空虚，他们也抑郁了。他们有绝对充裕的时间来享受幸福，但是没有经历的生活，让他没有回味的源泉。生活都没有快乐的经历，又何谈幸福呢？

种种资料都向我们揭示了一个问题，那就是在我们生活水平日益提高的同时，抑郁症也如影随形。抑郁是幸福的克星，面对抑郁症的困扰，我们该如何保持自己的幸福呢？这就是上文我们所说的心态问题了。保持一个良好的心态，把握当下的幸福，把名利看淡，把曾经的灰色情绪抛弃，多关注自己，多关注自己内心、精神的丰盈。那么，抑郁症将会自动退出你的人生舞台。

我们这么富有，为什么还不开心

在经济落后，科学不发达的年代，人们吃不饱，穿不暖，经常忍饥挨饿受冻。那时候，人们一心想要实现的只是改善物质生活，过上丰足富裕的生活。现在，这个目标已经实现，人们又幻想着更加富裕的生活。在人们的想像里，所谓的富裕生活的标准就是三菜一汤，哪怕加上一个咸菜凑足了三菜一汤，也觉得是莫大的欣慰和幸福。

如今，我们越来越富有，在基本的生活保障之外也有了越来越花哨的娱乐和消遣，但曾经三菜一汤的幸福却一去不复返，可能家里随随便便烧一下就够这个数量了。可是现在这些并不会让我们再露出当初的笑容。

为什么如今的生活富裕了，可我们却还不开心呢？幸福到底是什么，它从何而来，与财富又有着怎样的关系？

曾经，幸福是一个何等神圣又神秘的词语，关于幸福的讨论，是一个永恒的话题。早在 2000 多年前，希腊的哲学家就开始关注幸福这一概念。19 世纪末，经济学家马歇尔将幸福与物质需求的满足相联系。从此以后，在经济学中，"幸福"这一概念便逐步被"效用"所代替。幸福一度被等同于需求的满足和福利的增加，等同于人们占有多少商品，拥有多少财富。

"我们越来越富有，可为什么还是不开心呢？"这是令许多美国人深感困惑的问题。而许多国家，也正在步美国后尘。1957 年，英国有 52％的人表示自己感到非常幸福，而到了 2005 年，只剩下 36％。而在这段时间里，英国国民的平均收入却提高了三倍。

相较于英美这些发达国家，一些并不富裕的国家幸福指数反而较高。荷兰鹿特丹伊拉斯谟大学教授吕特·费恩霍芬主持的"世界幸福数据库"最新排名中，丹麦高居全球幸福榜榜首，美国表现平平，仅列第 15 位，中国内地的排名处于中等水平，津巴布韦因受政治和社会冲突影响，成为"最不快乐"的国家。不丹王国成为"黑马"，虽然识字人口不足半数，却在幸福排名中位列第八。原来，不丹很早以前就颁布法令，把国民幸福标准规定为"国民幸福总值"（GNH），舍弃传统的国民生产总值（GNP）。

"世界幸福数据库"的调查对象遍布全球 95 个国家和地区，整个调查历时 17 年。幸福评定标准包括民众的受教育情况、营养状况、对恐怖和暴力事件的担心程度、男女平等度和生活的自主选择度等。

结果显示，有 40 个国家的幸福指数明显上升，其他 12 个国家则是略有下降。调查表明，国家福利政策与人们的幸福感并无直接联系。影响幸福的因素很多，比如，已婚人士通常比单身人士幸福感更强，但有孩子并不能增加幸福感；受教育程度与智商高低对幸福感影响不大；65 岁以上老年人通常比年轻人感觉更幸福；友情对幸福感至关重要。幸福感的影响因素中有 50％属于遗传，就像体重和性格，往往后天变化不大。

财富不是评定幸福的唯一标准，它只构成了人们对于幸福认知的基础层面。这一情况在世界范围内适用，自然也包括中国。

来自中国企业家调查系统的分析报告指出，2005 年至 2009 年，超过八成的中国企业家认为自己承受很大或较大压力，而其幸福感呈逐年下降趋势。2009 年的调查显示，89.5％的企业家认为自己"压力很大"或"压力较大"，只有 9.6％认为"压力较小"，0.9％认为"没有压力"。

在市场经济快速发展的今天，企业家的幸福感早已经无法被轻视。浙江财经学院挫折心理学研究所所长黄学规教授，以及浙江工商大学公共管理学院马良教授在一档节目里，都谈到了中国企业家幸福感滑坡的原因，并解析为什么要保护企业家的幸福感，以及获得幸福的渠道等。

其实，幸福无关乎财富的多少。贫穷的时候，我们渴望财富。带着这份美好的憧憬，我们努力奋斗着，每一个目标的实现无疑都是一份幸福。但是富裕的时候，我们渐渐发现财富已经无法带给我们幸福了，一旦我们心中没有坚实的信念和支柱，只能从与他人的比较中来获得暂时的安慰和满足，而这种所谓的安慰也只是一时的快感，不是真正的幸福。

幸福不是物质的享受，不是名利的攀比。幸福是一种充满智慧的生活态度。真正的幸福，是最为纯粹的内心感受，不需要任何的虚饰和装点。对于追求自己的幸福，我们往往没有足够的自信，因而需要许许多多的物质积累，来增加自己的信心，然而这一切是否增加了真正的幸福？幸福或许很复杂，幸福又或许很简单，只要拥有足够的生活智慧，每一个人都可以获得幸福。

我们会时常问自己："我们越来越富有，为什么还是不开心？"其实道理很简单，追求幸福，并不需要去追求财富，追求财富，并不能追求到真正的幸福。财富不是幸福的唯一标准，只要你敞开心扉，快乐地去生活，勇敢地去追求幸福，幸福终究会降临到你的身边。不需要任何的矫饰，不需要任何的附属，幸福就是最为简单而纯粹的心灵体验，感受一切的真善美，用心体会生活的每一个微小的细节，你便可以感受到幸福。让我们放弃单纯地对财富的追求，用心去追求属于我们自己的真正的幸福吧！

实现心中的梦想，你就幸福了吗

当我们完成一个目标后，或者说实现心中的一个梦想后，我们肯定会露出喜悦的笑容。但是目标的达成、梦想的实现，并非意味着幸福的到来。教授哈佛幸福课的泰勒·本－沙哈尔教授一直是一个非常优秀的人，但是他自己说他不幸福了三十年。其实生活中这样的人很多，他们的头上可能有很多的光环，但是他们自身并不会觉得很幸福。

看到这种情况，可能很多人会说："达到心中的梦想了你还不幸福？可真是站着讲话不腰疼。如果你一生碌碌无为，做什么都不成功，看你还幸福不幸福。"的确，幸福不是绝对的，它是一个相对的概念。如果你急需要成功，那么幸福对你来说可能就是实现目标。但凡事都是物极必反，如果我们只是一味强调达到目标、实现梦想，而忽略了如何去享受身边的幸福，那就得不偿失了，毕竟幸福才是我们所追求的终极目标。

一项针对青年人的调查显示，他们最渴望得到的是幸福，胜过生命、爱情、成功、友谊。在另一项调查中，有的人认为世界变得更健康也更有智慧了，但却比以前缺少幸福，道德也更败坏。这难道是成功吗？我们究竟怎样来界定幸福的含义呢？

可能有人会怀疑，舍弃地位和财富而注重追求幸福和意义，会不会导致以牺牲成功为代价？如果好成绩和好学校不再是动力，学生们会不会丧失对学业的兴趣呢？或者，如果升职和加薪已经不再吸引员工的话，他们会不会因此而不再那么努力了？在努力向"幸福型"转变的过程中，人们经常考虑它是否会影响自己的成功。

人们对于幸福的理解不同。有的人认为幸福源于金钱，也有的人认为是权力，更有的人认为是不断地索取，其实这些都是片面的理解。人生真正的幸福来源于人生价值的实现。只有幸福不足以达到幸福境界。同样，只有目标也不够。无论目标再怎么伟大，长期坚持做一件事都是非常困难的，如果在过程中没有幸福，我们便难以持久地坚持目标。对光明未来的预见，通常只能在短时间内维持我们的动机。而那些也许可以忍受没有及时满足的痛苦的人，往往因疲于奔命根本没有时间来感受幸福。

幸福并不只是完成某项目标，更宝贵的是过程，过程的体验更能磨炼你的内心，让你的内心得到更多的全新体验。当我们体会到了更多的幸福时刻，我们就希望在制定生活目标时，能够掌握并运用更多技巧。

生活中，我们总会遇到梦想与现实的选择。最普遍的成功的象征是一份新工作或是晋升。当大多数人得到认可的时候，事业的梯子就在他们眼前了。虽然只有少数人能够在竞争中取胜。正是这种比率相对较小，使得很多家长都不断地敦促孩子进入所谓的高薪行业，而不是鼓励他们从事真正热爱的职业，因此，我们不幸福。但是到我们孩子的时候，我们又以同样的要求来对待我们的孩子，不断地告诉他们："实现心中的梦想吧，你会幸福的。"其实那些所谓的梦想只是你的梦想，幸福不仅仅是目标的实现和梦想的实现，还有很多很多……

专心享受你所做的事情，而不是一味向前冲。如果你热爱自己的工作并为之不遗余力，就能够披荆斩棘，勇往直前。即使不能成功，也无须担心，因为无论结果如何，过程中的你都是幸福的，我们需要做的就是享受幸福的过程。

探讨幸福的疑问，识破幸福的假象

一次，酒神狄俄尼索斯发现他的老师西勒诺斯不见了。原来这个老精灵醉酒之后到处乱跑，在佛律癸亚的山里被一些农民抓住了。农民们将西勒诺斯带到国王弥达斯那里。弥达斯因为参加过酒神节，立刻认出了西勒诺斯。他赶紧释放了西勒诺斯，并款待了他十天十夜，最后把他交还给狄俄尼索斯。酒神为了报答这件事，许诺给予弥达斯任何他想要的东西。弥达斯表示希望拥有点石成金的本领。狄俄尼索斯答应了，于是弥达斯如愿以偿地得到了点金术，凡是他所接触到的东西都会立刻变成金子。

弥达斯为自己拥有点金术而高兴，但很快就发现，这项本事实际是个巨大的灾难。他无法吃东西，因为他一碰食物，食物就变成了金锭，这样他肯定要被饿死。接下来，他无意中碰到了自己的女儿，结果把她变成了一尊黄金雕塑。这时他才意识到自己做了一个多坏的选择。不安的弥达斯想要摆脱这麻烦的能力，因而祈求狄俄尼索斯收回赐予他的点金术。狄俄尼索斯于是叫弥达斯去帕克托罗斯河（今土耳其境内萨尔特河，实际是一条小溪）里洗澡。弥达斯照着做了，当他接触到水面时，这项能力就转移到了河水里，河里的沙石立刻变成了黄金。

相信大家对这个故事并不陌生，肯定也有很多人都希望自己能像神话里的人物一样拥有一双点石成金的手。可是，当你知道困扰后，你是否还有这样的想法呢？弥达斯国王点石成金虽然只是个神话故事，却充分证明了控制外在条件未必能使人生活得更好。弥达斯跟大多数人一样，以为拥有举世无双的财富就是幸福的保障。于是一有能获得神恩赐的机会，他便向神祈求有这样一种能力，对于当时的他来说，财富就是幸福的化身，因此，他要财富。弥达斯以为自己必然会成为世上最富有、最幸福的人，但事实并非如此。

我们总是歌颂古代人民的智慧，的确，古老的寓言千百年来都在不断地重演。我们总以为，有钱有名的人一定过得很充实，尽管各方面证据可能显示，他们生活得并不惬意。但我们依然坚信，只要能拥有跟他们同样的象征特质，就会更幸福。如果当真得到了更多的财富与权力，至少一时之间，我们会产生人生就此改头换面的信心。但象征是会骗人的——它往往会歪曲人们以为它应该代表的现实。所以，我们必须擦亮我们的眼睛，识破幸福的假象。

可能大多数人都有着类似的经历，从小开始，我们就被家长做出这样那样的规划。在规划中，他们为我们设定了各式各样的目标，也会为达到目标而设置一些奖励。如果成绩全优，家长就会给我们奖励；如果工作表现好，就会得到奖金。我们习惯性地去关注目标，而常常忽略了眼前的事情。我们从不会因为过程而受到奖励，似乎能否达到目标才是衡量一切的标准。一旦达到目标之后，我们经常把放松的心情解释成幸福，好像工作越艰难，成功后幸福感就越强。因此当我们有这种错觉时，我们不由自主地就对这种生活方式屈服了。不可否认，这种解脱让我们感到真实的快乐，但是它绝不应该被等同于幸福。

其实，这种幸福可称为"幸福的假象"，它们来自于压力和焦虑的消除，无法维持长久，因为它本身就是和负面情绪共生的。这就好比一个人头痛好了之后，他会为头不痛了而高兴。但由于这种喜悦来自于痛苦的前因，当痛楚消散，他很快就会把身体的健康当成一种理所当然的事，病愈的喜悦当然就会消失得无影无踪。

渴望成功的人往往会犯一种错误，误将成功当成是幸福，他们坚信一旦目标实现后的放松和解脱即是幸福，因此，他们不停地从一个目标奔向另一个目标。到最后，看看自己走过的路，才发现因为太过忙碌，自己忽略了家人，忽略了朋友，也忽略了幸福。

泰勒·本－沙哈尔也曾经疑惑过这样的问题：人们都会讨论幸福，都想得到幸福，但却缺少一个完美的定义帮助人们更深入地理解它。英文"幸福"（Happiness）一词的来源为冰岛语里的 Happ，其意思为运气或是机会，Happ 同时也是"偶然"这个词的来源。泰勒·本－沙哈尔说，我可不想凭着运气去获得幸福，我要寻找并理解它的真意。

泰勒·本－沙哈尔教授说："他从 16 岁开始思考这个问题，但是直到今日尚无一个完满的答案，也许永远也不会有。"在大量的阅读、研究、观察和思考后，他没有找到任何幸福的神奇配方，世上并没有什么所谓"幸福的五步法"。他称自己教授"幸福课"，也只是希望能够帮助大家更多地了解幸福和生活所蕴涵的基本原则。

然而，大多数人却认为世界上存在所谓的幸福配方，市场上也往往充斥着各种各样的"幸福秘籍"。所以生活中常常会有人问："我是否幸福？"其实这个问题本身就暗示着对幸福的两极看法：要么幸福，要么不幸。在这里，幸福成为了一个终点，我们一旦达到，对幸福的追求就结束了。但事实绝非如此，实际上这个终点并不存在，对这一误解的执着只能导致不满和挫败感。

我们永远都可以更幸福，没有人总是处于完美的生活状态而无欲无求。与其去问自己是否幸福，还不如去探求一个更有帮助的问题："我怎样才能更幸福?"这个问题不但吻合了幸福的本义，还表明了幸福是一个长期追求、永不间断的过程中的某一段。在哈佛幸福课上，泰勒·本－沙哈尔教授说自己现在要比五年前幸福；但他同时也希望，五年后的今天他能比现在更幸福。

现实中的我们不应该被身边所谓的"幸福的假象"所迷惑。所谓假象，往往是我们经过一定的努力而实现了，这种假象来之不易，所以我们误以为这就是幸福。其实正如我们上节所言，幸福是一种追求的过程，在追求的过程中我们得到了最大的享受，这才是真正的幸福。生活中，我们要勇于识破幸福的假象，积极追求真正的幸福。使今后的自己永远比现在的自己更幸福。

幸福是偶然，也可以成为必然

幸福究竟是偶然发生的小概率事件，还是个人内心强烈的喜悦和满足感，这是我们首先要区分的。在中文中，我们用"幸运"和"幸福"来区分这两种概念，幸运是指偶然发生的小概率事件，而幸福则是个人内心强烈的喜悦和满足感；英语中，人们用"luck"和"happiness"来区分；法国人则说"fortune"和"bonheut"；德语中有所区别的是与之相搭配的动词不同，一个人可以"有"好运气，也可以"是"幸福的。当然，这两层意思彼此并不排斥。如果买彩票的时候猜对了 6 个数字，获得巨额奖金，这样的巧合也可以令人心满意足，感觉自己很幸福——哪怕这种幸福感不能维持很久。

有人相信幸福女神或命运女神的存在，她们负责向人们分配幸福，一部分人得到的少得可怜，而另一些人却抱个满怀。

希腊人却认为，拥有太多的幸福是十分危险的。希腊神话中的波力克雷兹大帝就是这样的一个例子。

波力克雷兹站在宫殿的城墙上向来自埃及的客人炫耀："我承认，我是一个幸福的人！"来访者建议波力克雷兹大帝，不要用自己的幸福公然对女神进行挑衅，于是波力克雷兹只能将他最贵重的戒指扔向大海。不久之后，御厨有人上报，发生了一件意想不到的事情。原来厨师在一条新打上来的鱼肚子中发现了这枚戒指。按说这可是一件大喜事，但没过多久，波力克雷兹就不幸去世，最后还被钉在了十字架上。

泰勒·本—沙哈尔教授在接触积极心理学之前，虽然在学业上获得了不少的成功，但是始终认为自己不幸福。在他真正地接触积极心理学之前，可能他也和绝大多数人一样，认为幸福只是偶然发生的。但是直到接触了积极心理学之后，他懂得了，幸福是偶然，但是只要我们愿意，幸福也可以成为必然。

每个人的幸福来源都是不同的，可见幸福是一件比较个人和主观的事情。但是，对于幸福的理解并非一直如此：中世纪时，神学长期统治着人们的思想。它认为人类的幸福来源于上帝，只有圣洁的信仰能为人们带来精神上的快乐与解脱；世俗中个人的、物化的幸福感微不足道，人们甚至要为此承担罪责。而哲学兴起之后，幸福才有了新的定义和内涵。从第一位哲学家开始便坚持：每个人都能决定自己的幸福。

即使没有人怀疑这一事实，幸福属于个人判断，但现实中还是存在着一种普遍认可的评判标准。人们忍不住比较不同时代里人们对于幸福的理解，特别是将自己青少年时代的回忆与现在的孩子们做一番比较。成年人不理解新一代孩子们的快乐，当我们评判别人是否幸福时，更多是根据自己童年时的记忆。这也可以解释，为什么许多大人对于青少年中间出现的"新"现象感到无法理解。

20 世纪 90 年代末，一个创意——电子宠物，影响力迅速从亚洲蔓延到欧洲乃至全世界。当时有许多教育工作者对此惊慌万分，但孩子们却乐在其中。喂养、玩耍、洗漱、训练、当它生病时还要去看医生，孩子们只需要按几个按钮就可以照顾自己的宠物，这些电子宠物指令潜移默化地影响了一代人。

再拿婚姻来说，许多人都在诉说自己和爱人之间是如何偶然相遇，然后相恋的，仿佛幸福是偶然降临的。那么这样偶然的幸福到底能不能转化成必然呢？答案自然是肯定的。但是，偶然的幸福转化成必然，这需要彼此用心地经营，带着真诚，带着温柔。初入围城的那份喜悦与甜蜜溢于言表，无名指上的海誓山盟，浪漫的油彩也在无限憧憬中七彩斑斓。可当激情退去，感情转化为亲情，此刻的心理和生理也发生了微妙的变化，婚姻就会在外界的诱惑与对彼此的冷漠中钙化，越走越远，爱就在荒芜中流失。

现代社会，人们不再相信是神主宰着幸福。如何获得幸福掌握在人类自己的手中。美国《独立宣言》的起草者之一托马斯·杰弗逊，他在 1776 年就号召每一位公民有权争取自己的幸福。而经过法国大革命的洗礼，于 1793 年制定的法国宪法更是强调：在社会中，确保每个人的幸福才是集体幸福的根基。

幸福是偶然，可能一个小小的邂逅就能够带来一场幸福。但是幸福不是简单的拼凑，当我们回首自己的人生路，会发现生活满足感并非停留在某一个程度，而是按照一定趋势向上发展。仅仅出于心满意足，我们不会大声欢呼，也不会涌出喜悦的泪水。与此相反，如果一个人直接体验到了幸福或是认为自己的状态符合真正的幸福标准时，这种愉悦感是无可复加的心灵体验，因为它在精神和感官层面都达到了绝对制高点，身心愉悦、愿望满足。

幸福是我们的权利，我们可以享有它，但是幸福对我们并没有义务，它并不是注定要为我们服务。因此，幸福是需要我们去经营的，我们是家长眼中的孩子，需要他们的精心培养，幸福也如同我们眼中的孩子，需要我们悉心呵护。只有我们的精心呵护与经营，我们才能使这种偶然的幸福变成必然，然后使自己永远地感受到幸福的环绕。泰勒·本－沙哈尔教授通过积极心理学告诉我们，我们可以幸福，而且只要你愿意，你将会更幸福！

用积极心态驱赶不幸和困苦

联想一下自己的生活，你是哪种人？是各种情况的被动受害者还是积极主动者？面临挫折时，被动受害者和积极主动者往往会做出完全不同的反应。

设想你是被动受害者，如果有一天你同恋人分手了，那你只会整日为自己感到难过，整日顾影自怜，叹息自己为什么陷入失恋中，这简直太糟糕了，糟糕透顶。紧接着，可想而知，你会从一个受害者变成一个抱怨者，认为另一半的他很糟糕，分手都是他的错。你怨他，甚至抱怨你自己的父母，抱怨他们养育不当，甚至你会抱怨朋友。抱怨之后，你变得沮丧和愤怒，对他生气，对你父母生气，总之，你很愤怒。但是结果呢？你这样做却没任何结果。因为你只是沉迷于反思和自怜的被动消极之中而无法自拔。

而作为积极主动者，如果遭遇分手，你可以去能认识他人的地方，你去匹诺曹（哈佛的比萨店），或者另一个约会地点，那样你更容易找到伴侣。这并不意味着不给自己时间、空间去让自己发泄痛苦，以及摆脱痛苦。相反，积极主动者一定会摆脱它，在适合的时间——它可能是现在，可能是一两天后（允许自己人性化）去行动，去承担责任，去做事情。这样，你会对希望和乐观重新抱有信心。就像在自我应验预言课程中所说的，希望和乐观会变成自我应验预言。

在哈佛幸福课上，泰勒·本－沙哈尔教授总是不断地鼓励学生要做一个积极主动者。他强调，只要你愿意，它就可以融入你的哈佛生活，让你的哈佛时光充满意义。对于每个人来说，让自己的生活充满意义是一种责任。因此，对于任何人来说，我们都应该培养积极的心态，用积极的心态驱赶不幸与困苦。

鼓励学生要努力培养自己的积极心态，这是为自己人生负责的前提，也是预防困苦和不幸最有效的方法。那为什么积极的心态会产生如此大的力量呢？其实，积极的心态并不具有一种神奇的魔力，它并不能给失业者变出一个工作，幸福虽然有迹可循，但最终还得靠我们自己。积极心态的巨大魔力就在于，它能够调整人的心态，让你有力量驱赶不幸和困苦。

试想，当你心中充斥着不满、怨气和仇恨时，你怎么可能尽心尽力地去工作、生活。倘若遇到朋友时，你仍然怨天尤人，闪烁其词，又怎么可能会有人喜欢与你相处？因此，积极心态指的是，在看待事物时，应考虑生活中既有好的一面，也有坏的一面，但强调好的方面，就会产生良好的愿望与结果。当你朝好的方面想时，好运便会来到。

积极心态是一种对任何人、任何情况或任何环境所持有的正确、诚恳而且具有建设性，同时也不违背人类权利的思想、行为或反应。积极心态允许你扩展你的希望，并克服所有消极心态。它给你实现自己欲望的精神力量、热情和信心，积极心态是当你面对任何挑战时应该具备的"我能……而且我会……"的心态。积极心态是迈向成功不可或缺的要素，积极心态是成功理论中最重要的一项原则，你可将这一原则运用到你所做的任何工作上。人的成就绝不会超过一个人的所想，心存高远成就也大，燕雀之志只能是小打小闹。

威廉·丹福斯，是一家名为布瑞纳公司的老总。小时候很瘦弱，就好像许多健身广告里"练习前"的那种瘦小体型。可能是受到体型的影响，他感觉自己很差，加上瘦弱的身体，这种不安全感加深了，这种不安全感使他看起来更加的怯懦。

但是，自从他在学校里遇到一位老师，他的一切都改变了。有一天，这位老师私下把他叫到一旁说："威廉，你的思想错了！你认为你很软弱，就真会变成这样一个人。但是，事实并非一定会这样，我敢保证你是一个坚强的孩子。"

"你是什么意思？"这个小男孩问，"你能吹牛使自己强壮吗？"

"当然可以。你站到我面前来。"小丹福斯走到老师的面前。"现在，就以你的姿势为例。它正在告诉我你是一个怯懦的人。我希望你做的是考虑自己强的一面，收腹挺胸。现在，照我所说的做，想象自己很强壮，相信自己会做得到。然后，真正去做，敢于去做，靠自己的双腿站在世上，活得像个真正的男子汉。"

丹福斯照着他的话去做了。之后威廉·丹福斯的一生都始终保持着精力充沛、健康、有活力。他始终坚信一句话："记住，要站得直挺挺的，像个大丈夫。"

正如一位心理学家说："在人的本性中有一种倾向：我们把自己想象成什么样，就真的会成为什么样子。"因此，在心中为自己勾画出一幅清晰的蓝图十分重要，因为预定蓝图会使你自己预想的成功或失败变成现实。

当然，这里的想象并不是漫无目的地狂想。想象是一种关于影像设计的艺术或科学，你可以把它叫作"成像"。你对自己有什么样的影像十分重要，因为这个影像会成为事实。

著名心理学家威廉·詹姆斯说过："世界由两类人组成，一类是意志坚强的人，另一类是心志薄弱的人。后者面临困难挫折时总是逃避，畏缩不前。面对批评，他们极易受到伤害，从而灰心丧气，等待他们的也只有痛苦和失败，但意志坚强的人不会这样。他们来自各行各业，有体力劳动者，有商人，有母亲，有父亲，有教师，有老人，也有年轻人，然而内心中都有股与生俱来的坚强特质。所谓坚强的特质，是指在面对一切困难时，仍有内在勇气承担外来的考验。

实际上，积极心态的巨大作用就体现在，从你现在的思维模式便能预测你将来成功与否。现在，我们要对所说的"成功"一词加以界定。当然，我们并不仅指纯粹的成功，而是指比这更难做到的功业，即如何使你的生活过得更有意义，更有效率。它指的是，作为一个人，你成功了——面对困难，你能自我控制，有条不紊，不成为难题的一部分，而且能提出解决之道。我们为自己定下的目标是：过成功的生活，成为有创造力的人。

如果你预先想见自己的成功，你便会去实施使今日成功的行为。只要我们运用积极心态的原则，每个人都会成功。即使诸事不顺，也别轻言放弃，并认为自己与成功无缘。即使在最恶劣的情况下仍然会有出路，有隐藏的秘诀，它们能使你从失败转向成功，由绝望转向快乐。

积极心态能够驱赶不幸和困苦，具有改变人生的力量，人人都可以拥有这样的心态来指导自己的工作和生活。

第三章　谁剥夺了幸福的权利

真正能伤害到你的，只有你自己

在泰勒·本一沙哈尔的幸福课堂上，他总是强调我们要通过积极心理学让自己变得更幸福，这种幸福不是别人所给予你的，而是你自己给你自己的。遇到问题时的态度，处理问题时的方法等等，这些都是需要你来处理的，别人无法左右。

遇到事情，如果你只是一味地以消极的态度面对，一旦身体不适，便觉得癌症就落在了自己的头上；一旦被公司辞退，便觉得世界上你已经没有自己的生存之路了……消极的心理是可怕的，它不仅不可能带领你走向幸福，甚至可能把你带向深渊。

传奇球星、威尔士国家队主帅加里·斯皮德19岁就开始自己的职业生涯，效力于利兹联队，曾随队获得1992年英格兰顶级联赛冠军。4年后，他以350万英镑的身价加盟酷爱的埃弗顿队。他保持的85场威尔士队的出场纪录至今无人能破。即使是2004年7月，他以75万英镑被贱卖到"球星养老院"博尔顿，斯皮德也一直保持积极乐观的职业态度，普拉提、拉伸、瑜伽……只要能增进状态，他什么花样都用。

但是，2011年11月27日，一个消息震惊足坛，加里·斯皮德自杀了。这个消息让喜欢足球的人难以相信，他生前被誉为"英超活化石"，见证了英超从创立到辉煌的荣光，自杀前一天还在 BBC 的足球节目中谈笑风生。

在外人看来，42 岁的加里·斯皮德有成功的事业、美满的家庭、极高的社会威望，他在家悬梁自尽的消息传出后，几乎所有的足坛人士都不敢相信这个事实。

斯皮德自杀的原因是外界猜测的焦点，目前还没有人能够知道是什么导致他选择了这一条不归路。但是，可以肯定的是斯皮德一定承受了压力、受到了挫折、经历了负面生活或不好的生存事件的影响等，他一定是痛苦不堪所以选择了自杀。

在足坛，自杀事件的发生远不止一件。2011 年 11 月 19 日，德甲联赛的一场比赛，因主裁判拉法提赛前 40 分钟在酒店的浴缸内割腕自杀而被迫延期。41 岁的拉法提曾两度被德国《踢球者》杂志评为"最差裁判"。经抢救脱离危险后，拉法提表示，自己因为不堪忍受来自比赛双方的巨大压力选择自杀。两年前，德国国门恩克也因抑郁症选择卧轨结束自己年轻的生命。

自杀，用更专业点的话说就是蓄意自我伤害行为。一般来说，蓄意自我伤害行为作为一种"心理病"，其发病机制与个人心理特征有关，也与社会、家庭、环境因素等密切相关。部分蓄意自我伤害者相对一般人群，成熟应对能力低、抑郁程度高、情绪不稳定、愤怒特质高、自我愉悦或满意度低。他们在社会、家庭环境中，支持感受低。如果生活方式不良、身体有病或者受重大生活事件的刺激，都会加剧其自我伤害的发生。

关于蓄意伤害尤其是自杀行为的流行病学研究很多。我国自杀死亡率较高，数年来处于 1.5 万—2.5 万人/年。自杀未遂者中，有精神心理障碍的占 30% 左右；自杀死亡人群中，有精神心理障碍的则高达 60% 以上，国外有些研究表明这一数字甚至在 90% 以上。先前有自我伤害史的自杀未遂者，后续 6 年内再次出现自杀行为的达 20% 以上。

可见，自杀已经不是一个地区性的问题，它已经发展成为一种全球性的疾病。德国德累斯顿工业大学临床心理学院主任汉斯·乌尔里希·韦奇恩耗时 3 年，调查 30 个欧洲国家（27 个欧盟国家、瑞士、冰岛和挪威）发现，大约 1.65 亿欧洲人患有精神疾病，占 30 国总人口的 38％。病症表现主要为抑郁、焦虑、失眠和痴呆。美国药物滥用和精神健康服务管理局的报告称，18—25 岁之间的年轻人存在精神疾病的比例高达 30％。美国逾 4500 万人患有某种形式的精神疾病，约占美国成年人口的 20％，患有严重精神疾病者达到 1100 万。精神疾病如未得到治疗，可能会导致残障、药物滥用、自杀等问题。

对于这类精神疾病患者，医生一般都是以心理治疗为主，药物治疗为辅。通常情况下，这种精神疾病之所以产生，大多数也是由于病人自己的心理原因所致。换句话说，真正伤害你的其实只有你自己，而不是别人。

人生不如意者十之八九，痛苦是不可避免的。《法华经》上说，生、老、病、死、怨憎会、爱别离、求不得，是人的一生无法逃避的七种劫难。七苦无非是来自自身的欲望不能满足，或者来自他人的伤害，而且跟自身的修养有很大的关系。与其说是别人让你痛苦，不如说自己的修养不够。

如果一个人可以伤害你，并不是因为他真的能伤害你，而是你自己太在意。人生匆匆，时光易逝。你的人生还有很多重要的、有意义的事要你去做。没有什么痛苦是我们不能承受的，没有什么人是我们不能放弃的。对于很多人来说，幸福的定义绝不仅仅在于恋人的怀抱和甜蜜的话语，它可能只是"幸福"的一个很小的构成部分，我们应该心胸开阔一些，努力让自己更幸福。

朋友之间的伤害也会让人心很痛。关系越近，越觉得伤得深，甚至怀疑世上是否真的有朋友。与朋友的相处中，我们应该有一个坦荡的胸怀，忘记那些无心的伤害，铭记那些对你真心的帮助。

要知道宽恕别人可以升华自己，而记恨一个人却是在伤害你自己。当人在情感中不能自拔的时候，是最容易迷失自己的，知苦、灭苦，贪、嗔、痴都是在伤害自己，丧失自己内心的平和、祥和是最大的伤害。人应该做到心里绝对的清净，这才是人生本来的样子。

两个朋友在聊天，一个说："我和别人拿一样多的钱，凭什么我就要多干呢？所以，很多我能做的也不做。"他很愤愤不平。

另一个对他说："这样就是你自己笨了。在主管看来，你干的和别人一样多，自然也只能拿的和别人一样。你明明比别人强，可是你不表现出来，别人如何知道？如果你做了，主管看不见，那是主管无能。那样，你也就明白你该换地方了，这里不适合你发展。"

后来，那个痛苦的朋友调整了自己，果然发展很不错。

通往幸福的路有很多，因为身边的领导、朋友、家人的指导，让我们在前进的道路上走得更顺利。当然也会有一些偶然的悲伤出现，成了我们幸福道路上的荆棘，但是我们必须坚信一点，这些荆棘将会对我们造成多大的伤害这完全取决于你自己。如果你选择与身边的人多沟通，疏解心中的郁结，可能你的心情会舒畅很多。也许你不善表达，那你就多看些书，多运动，找寻其他的途径来解决所面对的问题。而不应该只是一味地钻牛角尖，往死胡同里钻，那么迎接你的只可能是痛苦和伤害，你永远也不可能真正地幸福。

因此，学会正确地面对自己吧，不论遇到的是怎样的悲痛与伤害，你要坚信，真正能伤害到你的，只有你自己，而真正能让你幸福的，却不止你自己。

除了你自己，没人可以小看你

从某种意义上讲，幸福是一场持久的战斗。在战斗中，时而平稳顺利，时而坎坷残酷，谁也不能预知自己的命运。但是要想幸福，自信是必备的武器。人，只有相信自己，才可能实现自己的理想。没有自信，越王勾践怎能砍断吴王的金戈？没有自信，区区西秦如何东出函谷而一统天下？

我们每个人都应该学会欣赏自己，表扬自己，发现自己的优点和长处。如果连自己都看不起自己，那又怎么能要求别人能看得起你。自卑的人只能在自卑的旋涡里无限轮回。一个不自信的人，绝对不可能是幸福的人。

有一只长了两条尾巴的猴子，因为尾巴的与众不同，在同伴中备受嘲讽戏弄，大家都说它是个怪物，见了它就避而远之。为此，两尾猴很悲伤。它总是孤孤单单地躲在角落里哭泣。抱怨上帝对自己的不公。

为了能和大家一样，两尾猴痛下决心，割掉了多出来的一条尾巴。它终于能与大家一样了，别人也不再排挤它，它感到非常快乐。

时隔不久，这只猴子在游玩时迷了路，进入了另一座森林。让它感到吃惊的是，这里的猴子竟然全部都是两条尾巴，跟它以前一样！但由于它少了一条尾巴，所以，这座森林里的猴子们都讨厌它，它又遇到了和以前一样的遭遇，只有再次独自躲在角落里悲伤、哭泣。

经历了种种痛苦后，两尾猴悟出了一个道理：除了你自己，没人可以小看你！不论你是一条尾巴的猴子还是两条尾巴的猴子，我们都应该自信地生活。

当今社会，许多人的自信就如同这只猴子一样，相当薄弱，对很多事情有太多担心，因此生活在悲痛之中。究其原因，就是缺乏自信。

美国文学家拉尔夫·爱默生说："自信，是成功的第一秘诀。"人在缺乏自信的时候，就会忘了自己的优点，甚至全盘否定自己。在学校读书的青少年，因为成绩不好，就觉得自己没有存在的价值；壮年的上班族在工作中得不到肯定，或不幸失业，就感到自己的人生毁了……人生的不顺遂，的确会造成我们的苦恼；老是得不到赞美，也会让人沮丧。但别忘了，能彻底击溃我们的"信心"的，不是别人，永远只有自己！

有一位掌管寺院的住持非常有智慧，但是他的年纪愈来愈大，于是他想为自己找一个优秀的接班人。于是，他找来手下最杰出的弟子，吩咐他："师父老了，一定要快点找人接任住持这个位置才行。其实我心中已经有理想人选了，不过我想考考你，能不能把这个人找出来。我给你一些提示，就是这个人必须完全符合以下三个条件：第一，他一定要很有能力；第二，他的内心必须非常慈悲；第三，他非常了解这座寺庙的运作才行"。

弟子觉得这项任务非常艰难，但为了完成师傅的心愿，他还是答应了。于是，他便拜别师父，开始下山为师父寻找师父心中那个"最理想的人"。

然而，日子一天一天过去，这名弟子不知道已经走访多少寺院、多少国家，都找不到完全符合师父条件的人。

5年后，他垂头丧气地回到庙里，跪在师父面前请罪："师父，我已经尽力了，但实在找不到您心目中的那个人。"

师父笑了："但你不是已经把那个人带回来了吗?"

弟子听了诧异不已，心想师父是不是糊涂了?

"我心目中的那个人，其实就是你啊!"师父慈祥地把弟子拉起来，说："要你绕这么一大圈，是要让你深切知道，人在没有自信的时候，就会看不见自己的优点啊!"

弟子这才了解师父的苦心，连忙答谢师父。

应该清楚，一个人之所以自信，是因为他觉得自己有比别人强的一面。如果一个人没有一点儿优点，处处不如他人，让他自信起来将是一件非常难的事。也就是说，自信是需要有优势来做支撑的，一个没有任何优势的人，是很难自信起来的。没有超人的优点，盲目自信也是不可取的。

就拿上面案例中的小和尚来说，寺院住持是需要有一定条件的，小和尚自身是完全符合这一条件的，但是由于不能正确地认识自己，不了解自身所存在的优点，以至于缺乏自信，总觉得自己不行。一个人，如果总是看不到自身的优势，身边的人也不加以提携的话，那么他的确是很容易丧失自信的。

一位妇人养了一只猫和一条狗。猫非常可爱，见到妇人就撒娇，往妇人怀里钻，妇人很喜欢它；狗非常忠诚，兢兢业业看家护院，妇人也很喜欢它。

狗见猫撒娇便可赢得妇人喜爱，觉得很自卑，它以为是主人不喜欢它，只喜欢猫。于是狗每天都郁郁寡欢，每天都趴在院子里敷衍着自己的"工作"。有一天他无意中听到主人与邻居的对话，因为狗的看守，主人家不曾丢掉任何东西，所以邻居直夸狗的优点，主人也非常欢喜。它听到主人说："它的确是挺不错的，有它在家也非常的放心，只可惜，太消极了，每天都蔫蔫地趴在院子里，一点也不欢快，太没有活力了"。

听到这样的话，让狗大为震惊，原来在主人看来，自己还是很不错的，可自己却每天都以为主人不喜欢自己而郁闷，而这样的郁闷又真的让主人不高兴了。原来自己一直都是很不错的，只是自己小看了自己，才会让自己这么的不幸福……

集他人之长补充自己是对的，但总是盲目地追随别人，认为别人都是最好的，并总试图将自己打造成他人的样子，以为这样做就能够与他人一样优秀，但事实并非如此。这样做不但没能成为别人，反而迷失了自己。这是一个很多人都会犯的错误：当身边的人在谈论我们的不足，认为我们的所作所为不合常理时，我们便会产生一种自我否定的情绪，并不断否定自己，认为自己不如别人，甚至因此而变得迷茫、自卑、苟且偷生。

事实上，别人的东西再好也是别人的，自己的东西再不好也是自己的，接受自己才能肯定自己，肯定自己才能发展自己，发展自己才能使自己变得更加自信、更成功、更幸福。其实，每个人都有属于自己的优势，那些口口声声说自己没有优势的人是因为他们小看了他们自己。其实除了你自己，没有人可以小看你。所以我们自己也不能小看自己，要做一个自信的人，进而才能成为一个幸福的人。

做一个幸福的人，最基本的一点就是要有自信，要相信自己，你就是你想成为的那个人，无论面对生活还是事业，只有相信自己的人才能创造出最佳的成绩，才能收获人生的快乐与幸福。

不要总认为别人比自己幸福

经常会听到周围的人这样抱怨："我真羡慕你，工作那么清闲，没有压力，挣钱不多但生活也没有忧虑，每天下班都有充足的时间去享受天伦之乐。"而对方就说："我有什么好的？上班无所事事地在那儿等着到点下班，回家就是柴米油盐酱醋茶。工资低，想买什么都得算计，哪儿有你好，生活得既充实，又丰富"。

一个人总在仰望和羡慕着别人的幸福，一回头，却发现自己正被别人仰望和羡慕着。其实，每个人都是幸福的。只是，你的幸福，常常在别人眼里。人都有这样的通性，不论自己生活得怎么好，却仍然觉得别人的生活比自己更好。在穷人看来，富人真好，永远不用担心吃不饱穿不暖。但是在富人看来，穷人真好，即使没有钱，但至少还有家人，一家人能够天天在一起，哪怕天天过苦日子也是幸福的……这让人们不禁疑惑，为什么人们总是羡慕别人，总是认为别人比自己更幸福呢？

有一位先生，他意志消沉，看起来非常绝望。面对心理医生，他说他完了，他费尽一生心血赢得的所有东西都没了，活着没有意义，没有任何希望了。

心理医生问道："所有东西都没有了？"

"是的，一切都没了。而且我已经老了，不可能重新来过。对未来，我一点信心都没有。我没有什么能力来再做出什么贡献了，我什么也没有了，我的身体会越来越差，我的生活也会越来越差，看着那些虽然年纪很大，但仍然矫健的人，我真的很不幸福啊。"

心理医生能理解他的想法，也很同情他。在这个被扭曲的想法后面，他剩下的只有一副软弱无力的躯壳。

心理医生拿出一张纸递给他，让他把还拥有的财富写下来。

他叹了口气说："我已经告诉过你了，我什么也没剩下，一无所有"。

"你太太还跟你一起生活吗？"心理医生问道。

"是的，我们生活在一起，而且感情很好。无论发生什么事她对我都不离不弃。"

"既然如此，让我们把这个记下来——太太还跟你在一起，而且不管发生什么事，她都不会离弃你。那么你有孩子吗？"

"有啊！"他眼睛一亮，"我的两个孩子很乖，而且十分爱我。我每次都被他们感动得不行。有时，他们会走到我面前说，'爸爸，我们爱你，我们会永远和你在一起。'"

"那么，我们接着写——两个爱你、愿意永远和你在一起的子女，"心理医生继续说，"你有朋友吗？"

"有，"他毫不犹豫地说，"我有几个非常要好的朋友。他们时常来看我，然后说他们想要帮我，但是他们帮不了我什么。"

"好的，接下来写——你有一些愿意帮你而且尊重你的朋友。"

......

不知不觉，心理医生已经写满了一页纸，仔细数数，他至少有四大财富：太太、孩子、朋友、自己。看着这张纸条，老先生很不好意思地说："我从没有想过换个角度看待问题，或许事情还没有那么糟"。

这是哈佛大学的心理系教授在上课时常常会向学生们提起的案例。不要总认为别人比自己幸福，幸福是个广袤的定义，不是一两条指标所能决定的，我们不要只看到自己不如别人的地方，也应该看到自己身上的优势所在。

任何时候，都不要认为自己一无所有，不要认为自己是世界上最"贫穷"的人。其实我们还拥有着许许多多宝贵的东西，只是我们往往不善于发觉生活中所蕴藏的快乐，往往没有足够的敏感去察觉生活中所存在的幸福。

人都有爱和被爱的需要，而且人只有爱自己，对自己负责，才能去爱别人。只有去爱别人，才能去体谅别人，理解别人的不容易。而不懂得去爱的人，永远看不到别人的痛苦，永远觉得别人比自己过得好。并且，有些时候，他们甚至会去嫉妒别人，看到别人快乐，心理上就会很不平衡。

人必须能够接纳自我才会快乐。有些人没有充足的自信心去接纳自己，爱自己，甚至看不到真实的自我。于是，无休止的不满足感和烦恼便纷至沓来。由于不能很好地接纳和肯定自己，看到的都是自己不理想和不好的地方，用自己的缺点与别人的优点相比，又怎么能愉快呢？

除此之外，人的欲望是无止境的，得到了第一件东西，就会向往第二件，而对自己未能实现的东西，总是心存遗憾。现实生活中，总有些东西是别人有而自己没有的，因此，我们心底强烈的欲望驱使我们去渴望那些自己还没有得到的东西。不过，这个世界上是没有免费的午餐的，付出与得到总是成正比，不要羡慕别人拥有的东西，珍惜手头上的幸福，才是人生的真谛。

有两只老虎，一只生活在笼子里，另一只生活在笼外的大自然里。一天，两只老虎碰面了，笼外的老虎羡慕笼中的老虎衣食无忧，而笼中的老虎同时也羡慕笼外的老虎自由潇洒。于是两只老虎决定对换一下，笼中的老虎到大自然中去享受潇洒，而笼外的老虎到笼中去享受无忧。可是没过多久，两只老虎都死了。原本在笼中的老虎来到大自然后，确实得到了自由，却最终因为饥饿而死，而原本生活在大自然的老虎进到笼子后，确实得到了安逸，却最终因为忧郁而死。

这个故事告诉我们：各自的幸福是不能交换的。当我们羡慕别人幸福的时候，往往别人也在羡慕着我们的幸福。其实每个人的幸福是不一样的，但往往因为我们身在其中没有察觉到而已，而别人的那种幸福却又不一定适合自己。

幸福并不神秘，也并非遥不可及。在一个人的一生中，不管有多少荆棘坎坷，也不管曾走过多么艰辛曲折的路，总会有感悟幸福的机会，也总能保存一些感受幸福的时刻，但往往被我们自己忽视了，放过了，当我们觉得幸福距离自己有万里之遥的时候，也许，幸福就已悄悄地来到了我们身边。

我们总以为别人比自己快乐，比自己幸福，其实，我们在他人眼中亦未尝不是幸福快乐的。幸福并不是一个偏心的人，它不会因为人的不同身高、不同家庭、不同职业而有任何变化。幸福是很随和的，它不需要你刻意讨好，只要你有一颗积极的平常心，那么你就是幸福的。生活中我们往往都缺乏发现快乐和幸福的眼睛，我们往往没有把这样的眼光投注在自己身上，而只是看到了周围人的幸福。

如果幸福是一个数轴，你在哪一点上

生活中总有这么一群人，他们总是闷闷不乐，似乎从不开心，境况好的时候也不例外。他们看到的和想到的都是事情消极的一面，他们常年郁郁寡欢，似乎压根儿不知道幸福是什么。其实，要想真正地获得幸福，第一件事就是要正确的认识它，在认识的基础上学习如何获得幸福的方法。

人们渴望幸福，而当幸福来临时，往往又缺乏幸福感，感受不到幸福，这是为什么呢？荷兰阿姆斯特丹大学心理学教授尼科·弗里达提出"幸福不对称论"。他认为，即便引起愉快感觉的环境一直存在，这种感觉也很容易消散。然而，消极的情绪却会伴随着环境而持续存在。就是说，人类很容易适应悲哀，却永远不能习惯快乐。

西班牙《趣味》杂志援引弗里达的话说，情感是不对称的。积极情绪较之消极情绪强度弱，且持续时间短。快乐、幸福和迷醉的感受会很快变得乏味、苍白。不对称论认为，如果那些从前曾让我们沉迷，并带给我们快乐的事情不断重复，就会变得乏味，但消极的情绪却不会如此。

乔伊今年27岁，正在攻读英语应用语言学的学位，毕业后将成为一名英语教师。她的男朋友在意大利学习，两个月后回国。男朋友回来后，他们打算一起生活。乔伊有一个平静的童年，一个稳定的、中等收入的家庭和几个亲密的朋友。她全家经常出去旅游，足迹遍布整个美国。乔伊上初二那年，她的妈妈送给她一只小狗，名字叫戴茜，戴茜今天仍然活着。乔伊认为小狗戴茜是她最亲密的伙伴之一。

虽然生活并无波澜，但乔伊似乎做每件事都会感受到挫折。高中升入大学后，她感到前所未有的压力，应付大学的各科作业让她疲惫不堪。她与另外一个女孩住在一间宿舍里，她的同屋应该算是一个不错的人，只是她有一些让乔伊难以忍受的习惯，比如看电视时喜欢把声音开得很大。这让乔伊感到很难与她相处，并且慢慢地对她产生了敌意。后来，乔伊换了一个新同屋，一开始乔伊感到十分欣喜，因为她很喜欢这个新同屋，也很崇拜她。可是后来她发现同屋几乎从不在房间里待着，她便感到很受伤。

乔伊的活动很多。她夏天攀岩、滑旱冰，冬天滑雪、玩雪板。乔伊很喜欢教学，因为她认为教学相长，她能和正在辅导的学生一起成长。表面上看，乔伊的生活该是幸福的，拥有自己喜爱的事业、美好的前程、稳定的家庭、心爱的男友，还有可爱的小狗戴茜。但是，乔伊认为自己是一个并不幸福的人。虽然她对自己的学习成绩很满意，可是她并不能从中获取幸福，因为她太缺乏自信。每次取得成功时，乔伊总是把它归结为运气或者是自己的坚持，而不是她的聪明与才智。有时，她还会忍不住地想要是没有选择教书，而选择了另外一个职业，生活一定会更好。

总的说来，乔伊感到非常孤独、生活不稳定、与男友的关系也不牢固。她经常沉浸在童年的记忆里，因为她认为那是她最幸福的一段时光，只有那时，她才是无忧无虑的、有安全感的。如今的乔伊要在很大程度上依赖男友才能感到她的自我价值，当男友不在身边的时候，乔伊的生活就变得孤独无助了。她经常通过过度消费和过量进食来排遣寂寞。当寂寞的心情让她感到非常不安和无望的时候，乔伊觉得整个世界都是灰暗的，完全沉浸在沮丧之中，不能自拔。

乔伊是很可悲的，在任何一个人看来，乔伊的成长都应该是很幸福快乐的。但是事实并非如此，身处"幸福"中的乔伊感到并不幸福，这让很多人都疑惑，这是怎么了？这样的生活都不幸福，究竟怎样才算幸福呢？如果把幸福比作是一个数轴，

那么到底横轴是什么，纵轴又是什么，究竟是什么决定了人的
幸福？

也就是说，幸福的数轴是由两方面构成的，横轴是外界的
环境，纵轴就是内心的感觉，只有两者达到合理的结合后才有
可能使人感到真正的幸福。

幸福只是人生的一个组成部分。人们还需要通过艰苦的努
力来具备其他积极因素，例如助人精神、同情之心和创造能力。
在集体主义文化中，人们从小就明白不经历风雨就不能见彩虹。
幸福是由两方面决定的，缺少任何一方都不可以，如果你的物
质环境很好，但是心理总是消极，再优越的条件也无法让你感
到幸福，而如果你内心全是积极的成分，却已经饿得好几天没
吃饭了，一味地幻想你有一顿美餐，你也只是沉浸在自欺欺人
的氛围里，感觉不到温暖的幸福。我们要做的就是要调节这个
数轴，在物质数轴达到一定指标的时候，提高我们的心理数轴。
对于良好的环境，有一颗感知的心，那么你就是幸福的。

另一些科学家从其他角度来研究人们缺乏幸福感的原因。
精神病专家乔治·伯恩斯为了探究幸福感和促其生成的生物神
经学理论依据，对一些被认为乐天派的人进行了研究。伯恩斯
认为，只有当人们感到不幸的时候，只有当遇到困难，面对新
鲜刺激和以前从未完成的目标的时候，人们才能够取得进步。
人的一生中，有些困难是不可避免的。但很多专家认为，历经
艰难险阻有助于最终获得幸福。在困难面前，人的大脑会进入
一个蓄势待发的停滞阶段。人们需要经过历练使人格成形。有
时，后退是为了进步。虽然会经历痛苦，但直面困难的人最终
要比逃避的人更加幸福。只有经历过艰难险阻的人才相信幸福。

在幸福的数轴上，我们要找准自己的定位，只有明确了自
己处于哪一个点上，我们才能有针对性地对自己进行外界环境
或是自己内心感觉的一个调整，从而使二者达到一种合理的搭
配，使自己真正感受到幸福。

别感慨最穷困时的生活远比现在幸福

我们的生活的确发生了很大的变化，这是有目共睹的。过去，有许多人衣不蔽体，食不果腹。现在，在农村，甚至是遥远的山区，人们的温饱问题都已经基本解决了。一些大城市的生活甚至可与西方发达国家相媲美。但是生活中，我们常常会听到人们总是抱怨生活的不幸福，甚至感慨最贫穷时的生活远比现在幸福。这是为什么呢？

我们总说幸福是一种神奇的感觉，它不在于你有多少钱，也不在于你多有权。的确，幸福是无法用金钱来衡量的，同样，幸福也不需要时间来检验，幸福不在人与人之间比较，也不应在过去和现在之间比较。幸福一经比较之后就失去了原来的味道。

当今社会，物价飞速上涨，人们过着处处精打细算的生活，对于一些生活相对窘迫的人来说，这种生活也许和多少年前有所相似。但是不同的是，在过去是大家一起穷，哪怕再艰辛，也都是大家一起熬着，一起努力着。随着社会的发展，现在贫富差距开始明显，你的穷开始变得不正常，你也没有办法安心的穷下来，炫富开始成为一种社会风气，过多负面情况让太多的人感慨，还是过去最贫困的生活幸福，至少那时候社会还不会有那么多负面的事情发生。

实际上，我们必须得承认，我们现在的生活是幸福的。随着社会的不断发展前进，我们的生活品质必然迎来较大的提高。我们总是要一分为二地看待问题，伴随着正面影响而来的，必然有负面信息。面对这种负面影响，我们能做的不是逃避，我们应该面对它，并且解决它，只有把这些问题真正地处理了，才有可能迎来更好的生活。

负面问题肯定是会长期伴随着我们的生活的，对它，我们唯一能做的就是预防与治理。但是，它们的存在丝毫不影响我们对于幸福的追求，它们是幸福道路的障碍，也是幸福路上的纸老虎。我们应该坚信现在肯定比过去幸福，努力做到把握当下，珍惜眼前的幸福。

李大钊曾说过："无限的'过去'都以'现在'归宿；无限的'未来'都以'现在'为渊源，过去未来中间，全仗现在，以成其连续，以成其永远无始无终的大实在。"所以说，虚度了"现在"，就等同于虚度了今天，也就在不知不觉中丧失了昨天和明天。珍惜现在，就是要避免让自己在以后的日子里再有遗憾，就是要脚踏实地抓住今天，充实今天，完善今天，在今天这张纯洁的白纸上画下美丽的历史画卷。

从某种意义上说，珍惜了今天，就等于延伸了自己生命的长度，升华了生命的意义。人生匆匆，为使一生不留遗憾，就要学会珍惜、懂得珍惜。人要学会珍惜现在所拥有的，让自己的生活多几分舒适，少几分带牵挂的苦楚，多几分惬意，少几分带瑕疵的不如意。当你感觉到某种东西渐渐远离自己的时候，你再竭力去挽留去弥补，也许已经太迟了。过去是溜走的现在，我们不能只沉浸在过去的美好当中而无法自拔，这样只会让自己更加不幸福。

对任何人来讲，幸福极容易把握，也极容易失去。关键在于心态的平衡与否，知足常乐就是最大的幸福。谁能够以平常心看待功名利禄，以平静心观赏云起云散，宠辱不惊，谁就是幸福最大的受益者。拥有知足，就拥有幸福。过去已经成为过去，不管我们怎么感慨它都不可能再回来，而现在却牢牢地握在我们手中，我们应该好好把握。

珍惜现在家人团聚的幸福。一家人围坐在火炉旁边边嗑瓜子，边说笑，欢声笑语充满每个角落，这是多么温馨的场面啊！这种温暖和幸福，并不是每个人都能得到的。在自然灾害和生老病死时，一些人骨肉分离，凄凉辛酸。我们应该珍惜和家人在一起的时光。不要等到家人离去时才感慨，过去的时光多么幸福。

珍惜现在我们求学的机会。学校里无所事事、浑浑噩噩的学生大有人在，他们在浪费大好光阴，浪费国家给予的教育资源。在国家、社会、学校给予的帮助中，我们应该倍加珍惜来之不易的学习环境，多做有利于国家和自己的事情，好好学习，感恩社会。不要等到工作时，才感慨还是过去的校园时光最幸福。

珍惜现在所拥有的友谊。拥有知心朋友是一件幸福的事。有了开心事与朋友分享，有了烦心事与朋友倾诉，骄傲时有朋友的劝诫，灰心时有朋友的鼓励，成功时有朋友的祝贺，失败时有朋友的支持。所以，我们必须珍惜当下的这份友谊，不要因为自己的不懂珍惜而失去了他们，等到花甲之年才感慨过去曾拥有过那么一份深厚友谊是多么的幸福，只是自己没有珍惜。

有时候，什么值得珍惜，什么应该放弃，自己也会有困惑、迷茫之感。那些时而清晰时而模糊的答案，等待时间来检验吧。重要的是，学会珍惜现在所拥有的，生活会更加美好，笑容会更加灿烂！珍惜现在，把握当前的幸福，明白当前的幸福才是最大的幸福，永远不要感慨过去最贫穷时的幸福强于现在，因为，只有现在的幸福才是我们目前拥有的，也是我们可以在将来的生活中可以感受的。把握当下的幸福，不要等错过了才感到可惜。

幸福大魔咒：得不到的才是最好的

有的人在得不到的时候，总是垂涎三尺；有的人却在拥有的时候，不去珍惜，当一切都成为过眼云烟的时候，又开始后悔。世间最珍贵的不是"得不到"和"已失去",而是现在能把握的幸福。

乞丐有乞丐的美梦,富翁有富翁的烦恼。没钱的时候,向往有钱的生活,有钱的时候向往没钱的时候。单身的时候,向往爱情的浪漫,结了婚以后,又向往独身的自由。忙碌的时候向往闲暇时的轻松,闲暇的时候向往忙碌的充实。幸福的味道不是甜蜜,而是平淡,不是浓烈的芬芳,而是淡淡的幽香。这个世界上,每个人都有自己的位置,每个人也都有自己的追求。有的人喜欢烈火般的刺激,有的人喜欢清水般的宁静。选择适合自己的生活,便是真正的幸福。

美国作家菲茨拉德在他的小说《了不起的盖茨比》中描绘了一个悲剧:美国男子盖茨比是一个亿万富翁,他再次遇到前女友戴西。戴西因渴望纸醉金迷的生活,已嫁给一个纨绔子弟汤姆。汤姆的家境已没落,而戴西也浑身上下散发着对物质生活的渴求。不过盖茨比仍痴迷不减,继续狂热地追求戴西,并用巨资资助她的家庭。然而,戴西也仍和以前一样不在乎盖茨比,不仅和丈夫一起利用他,甚至还参与策划了一起车祸,害了盖茨比的性命。

这是没有结果的初恋留下的诅咒。对盖茨比而言,没有在戴西身上实现的愿望,犹如一个魔咒,他似乎只有实现这个愿望,这个魔咒才能解除。

"得不到的,才是最好的"是我们最常听到的一句话。这句话反映了一点:没有实现的愿望,具有多么可怕的力量。这种力量,宛如魔咒,罩在我们的头上,令我们迷恋水中花镜中月,而对唾手可得的幸福和快乐视而不见。

你不给,他偏要!这是许多人普遍存在的一种逆反心理。

按照社会心理学家罗伯特·恰尔蒂尼的说法:"我们对稀罕货的本能占有欲直接反映了人类的进化史。"其实人的本性都是得不到的才是最好的,很少有人珍惜身边的幸福。

猎人总是喜欢追逐奔跑的猎物，如果猎物乖乖地停下来等猎人，那打猎的乐趣也就荡然无存了。其实，每个人都如同猎人，人的天性就是喜欢不断的追逐，而对能够轻易到手的东西不感兴趣。

短篇小说《再劫面包店》中写了这样一个故事：

一天夜里，刚结婚不久的小两口突然醒来，两人都饿得不得了，把家里所剩无几的食物扫荡一空，那种饥饿感仍然无比凶猛。

这不是一种正常的饿，妻子说："我从来没有这么饿过。"

这时，"我"不由自主地回了一句话："我曾经去抢劫面包店"。

"抢劫面包店是怎么一回事？"妻子揪住这句话问了下去。

原来，年轻时，"我"曾和一个最好的哥们去抢劫面包店，不是为了钱，只是为了面包。

抢劫很顺利，面包店老板没有反抗的意思。不过，作为交换，他想请两位年轻人陪他一起听一下瓦格纳的音乐。两个年轻人犹豫了一下，但还是答应了。毕竟，这样一来，就不是"抢劫"面包，而是"交换"了。

于是，在陪着老板听了瓦格纳的音乐后，两个年轻人"如愿以偿"地拿着面包走了。

然而，"我"和伙伴非常震惊，连续几天讨论，是抢劫好，还是交换面包更好。两人理性上认为，交换非常好，毕竟不犯法。但是，从直觉上，"我"感受到一些重要但不清楚的心理活动发生了，"我"隐隐觉得还是不应该和店老板交换，相反该用刀子威胁他、直接将面包抢走就是。

这不仅是"我"的感觉，也是伙伴的感觉。后来，两人莫名其妙地再也不联系了。

对妻子讲述这件事时，"我"说："可是我们一直觉得这其中存在着一个很大的错误，而且这个错误莫名其妙地在我们的生活中，留下了一道非常黑暗的阴影……毫无疑问地我们是被诅咒了!"

"不仅你被诅咒，我觉得自己也被诅咒了。"妻子说。

她认为，这就是这次莫名其妙而又无比凶猛的饥饿感的源头。要化解这种饥饿感，要化解这个诅咒，就必须去完成这个没有完成的愿望——真真正正地再去抢劫一次面包店。

最终，新婚的两口子开着车、拿着妻子早就准备好的面具和枪，扎扎实实去抢了一次面包店——一个麦当劳。

这个短篇小说的寓意：没有得到的，未被实现的愿望，具有多么强大的力量!

小时候，我们所产生的但不能实现的诸多愿望，都会在长大后表达出来。哪怕这些愿望看上去再不合理，它们也仍然有着无比强大的力量。我们尽管理性上意识到了它们无比不合理，但却难以摆脱它们的控制，就像是中了魔一样。

昨天你坐在教室里，抬头是堆到天花板那么高的复习书，你告诉自己，一定要去名校读大学。

昨天你总有意无意路过隔壁的那间教室，时不时看看里面那张清秀的脸，你告诉自己，他就是对的人。

其实，你并不知道名校到底意味着什么，你甚至都不知道读大学是为了什么。你最终也没有拉到那个帅气男孩的手，你甚至都没有和他说上几句话。以为努力读书一定会得到最好的，以为梦想的就是最好的。读名校，能够与喜欢的人在一起长相厮守，得到自己梦寐以求的玩具等。

你是不是总是羡慕喜欢那些得不到的人，得不到的物，总以为得不到的就是最好的，越是得不到越想得到。何必这样痛苦，其实，立足当下，岂不是更美满?

幸福的"抑郁大敌"

如果问你幸福的反义词是什么，有人认为是"悲伤"，因为伴随幸福而来的往往是欢声笑语，而一旦泣涕涟涟，那当然就不会幸福了。也有人认为幸福的反义词应该是"痛苦"，因为幸福应该就是一种精神上的享受，在处理事情时感受到愉悦、开心那就是幸福，但如果你不开心，甚至痛苦，那能叫幸福吗？

事实上，幸福并不是某种静止的状态，它更倾向于在某个过程中你的感受，你感觉到放松、舒适、自在等。那么，在某个过程中，你什么样的感受又会让你觉得不幸福呢？答案往往是，在某个过程中，你觉得很压抑、很郁闷、很不开心，所以就不幸福。因此，幸福的反义词并不仅仅是一个词，而是一系列的词汇，但是首当其冲的就是一个词汇——抑郁。

2011 年全国"两会"期间，"幸福感"迅速成为了最热词之一。然而，时下不少人却觉得自己不幸福。他们虽然不缺吃少穿，却激发不起生活的热情；虽然有让旁人羡慕的职业，却提不起工作的积极性；虽然有一个稳定的家庭，却对家庭生活没有兴趣。不幸福是一种消极的心理状态，假如只是在一个短暂的时期出现，没有实质性地影响到自己的生活和工作，那么问题还不算严重。但是，假如一个人较长时间处于抑郁之中，以至于影响到自己的正常生活和工作，则是属于心理的病态了，往往正是这样的抑郁阻碍了我们的幸福，这样的抑郁是幸福的大敌。

生活中人们通常把出现不幸福的原因，简单、直接地归结为外部环境。例如，人们通常认为，因为看到别人开着奔驰、宝马车，想想自己还是只能挤公交车，所以产生不幸福感；因为看到别人住别墅，自己却仍然住在狭小的单元房里，所以觉得自己不幸福；因为看到如今看病的高费用，想到自己生病了没有足够的钱，所以心里抑郁；因为看到有的官员贪污腐败，胡作非为；看到社会存在许多的不公平现象，却又无力改变；受到上级责备，工作压力大等等都会让一些人产生不幸福感。

在这些情形中，人们都是把现实的一种"消极事件"，当成造成自己不幸福的直接原因。也就是说，时下大家觉得较为普遍存在的不幸福感，是由客观的现实社会条件造成的。基于这种认识，要想获得幸福，就只能通过改变那些引起抑郁的现实社会条件才行。而实际上，那些社会条件是难以完全消除的。因此，如果单纯地把幸福的反义词定义为客观现实，那么人们的幸福感也就没有可能出现了。

其实，这一切都源于你的内心。因为你内心的不纯净，从而使得外界的环境很容易影响你，这种外界的刺激通过你的内心而产生了抑郁和不满的情绪，于是你便觉得自己不幸福了。精神分析心理学家埃里克·弗洛姆在他的著作里写道，抑郁是丧失了快乐的能力，而当人们对自己的情绪无能为力时，便自然会产生悲伤感。

通常情况下，抑郁是指一种内心空虚、缺乏创造力的状态，它可以归结为大脑中神经键之间的联结受限，并因此做出对自己产生不利的举动，如自残或自杀。当美国的外科医生对自杀者的大脑进行解剖后发现，这些长期陷于重度抑郁泥潭中的人们的脑构造已发生变化，这些变化包括脑浆容量减少，而且主管情绪和逻辑的左脑面积变小。另有研究显示，幼年时的不幸福会令大脑产生器质性损伤。

反观那些真正幸福者的大脑也有明显反应。笑容被理解为是幸福的一种外在表现形式，人们往往通过笑容来界定一个人是否幸福。法国解剖学家杜彻尼·博洛尼终于发现了笑容背后的秘密，1862年，他提出使用"电生理和放大的技术"，对"每一部分的肌肉的细小变化和其带来的面部褶皱"进行分析。博洛尼认为，"欢悦的情绪表达在颧骨肌肉和眼周轮匝肌上，前者可以被有意识地控制，后者却只能为真实的快乐驱使，眼周的肌肉才是情绪的真实传达者"。博洛尼提出的这种笑容——包含了面部颧骨肌肉和眼周肌肉的部分——才是真的发自内心的欢乐微笑，他把这种微笑命名为"博洛尼微笑"。当一个人深度体验愉悦和幸福时，可以抵消之前的悲伤。一味地抑制自己的情绪，不管这情绪是好是坏，都会对身体造成持久的损伤。

这样看来，抑郁是幸福的阻碍者，而笑容则很可能是幸福的左右手。抑郁情绪对我们生活不幸福的左右，往往源于我们不恰当的认知方式，也就是处于不幸福中的人"作茧自缚"的方式，这种"作茧自缚"往往有多种表现形式，如：对自己"以偏概全"（出了一次差错，就认为自己会完蛋）"心理过滤"（只看到自己的缺点，把自己的优点过滤掉了）"反向炼金"（把自己的优点也朝相反的方向去看待，认为是缺点，正如把原本的金子反向看成了矿渣），完美主义倾向（凡事追求十全十美，如没能达到这个水平，则十分痛苦）等等。试想，有了这些认知方式，一个人怎么能够体验到人生的幸福和快乐呢？生活摆在每个人面前的并非都是鲜花和笑脸，免不了会遇到困难和艰险，此时需要改变的，只能是自己的认知。如果你想远离抑郁，获得幸福，那就不要"作茧自缚"，主动权在自己手中。

抑郁是影响世界人民不幸福的一大原因，它的比率之大把它与幸福放在了对立的位置。对于抑郁，我们能做到就是要发泄出来，并且懂得与外界沟通，不要让郁闷之气集结在心中，一旦郁闷之气集结于心，不能及时释放，我们又怎么可能露出笑容，怀抱幸福呢？

幸福不是某些人的专属，我们所有人都拥有幸福的权利，导致自己不幸福的因素有很多，但首当其冲的就是抑郁，面对抑郁，我们首先要做的就是直面它，正确地认识它与幸福的关系，这样才能很好地解决它，从而让自己更幸福。

生活"不幸"，常常是坏情绪在作祟

情绪，通常是指人的感觉及人特有的思想、心理和生理状态、行动的倾向性。人的情绪无所谓对错，常常是比较短暂的，可以积累，容易膨胀，人的情绪会影响行为，也可以经过疏导而消散。

心理学家研究认为，人的所有决定和行为，都会或多或少地受到情绪的影响。无论是对学习还是对社会适应能力来说，情绪都扮演着非常重要的角色。心理学家劝诫那些情绪容易受外界干扰的人，应先处理好心情，再投入精力处理事情。

积极的情绪可以帮助人们增强抵抗力，消极的情绪则会对人的身体造成一定的伤害。我国古代就有"内伤七情"之说法，认为当人的"喜、怒、忧、思、悲、恐、惊"七种情绪过度时，就会引发生理疾病。

坏情绪的存在往往具有巨大的破坏力量。"忧虑一次，日后则忧虑不断。"犹太人自嘲式的幽默则一语道破这一点。坏情绪产生于脑中。当我们感到威胁时，我们则比平时更清醒，天性如此安排，以便我们在危急情况下对危险的微弱迹象做出反应。这种特别的冲动是由压力激素皮质醇在血液中循环激发的。在正常情况下，当恐惧的理由不再存在时，压力激素也自行消失。

但是，在压抑的状态下，皮质醇则不会消失。沮丧的情绪是一种持久的压力，每一个不经意的察觉和一件无关紧要的事情，都会使我们感到大祸临头，并作为世界邪恶的又一个新证据，其效果就是进一步释放压力激素，我们也因此变得更敏感。这种魔鬼般的循环可以一直继续下去，直到患上极端严重的抑郁症。

更糟糕的是，如果沮丧持续太久，那么脑物质会受到损伤，这是最近几年对抑郁症的研究揭示的最激动人心的认识。抑郁不仅伴随着神经传输器的不平衡，而且神经元的固定联结也受到损伤。这种损伤能否消除，现在还是未知数。同时，脑丧失了它的变化能力，所以抑郁是一种僵硬的状态，它不仅削弱了迎接生命挑战的行动能力，而且巩固了抑郁症。

童话故事中的"小矮人"，拥有一成不变的袖珍身高。然而你可曾发现，在我们的现实生活中，也有一群这样长不高的孩子，他们摄入充分的营养，拥有绝对正常的遗传和内分泌指标，但是可能在一年或者连续几年的时间中，几乎不再长高。专家发现，症结的元凶在于孩子在成长过程中压抑的心情以及曾经的创伤性记忆。

9 岁的小涛现在有 1.2 米，但是当他 6 岁时，就已经长到 1.15 米了。也就是说，在 3 年的时间中，正处于生长发育期的他仅仅长高了 5 厘米。

北京大学第三医院儿科副主任医师王雪梅说："2 到 12 岁的孩子在正常情况下，平均每年应长 5 到 7 厘米左右，如果小于 4 厘米，就不正常了！"

经检查，小涛的身高异常并非源自遗传，也不属于营养或者内分泌方面的问题。医生了解到，小涛的父母在其 6 岁时离婚，他判给了母亲，但由于母亲工作繁忙，平时的日常生活主要由外公照顾。而在缺乏父母关爱的家庭中，年幼的小涛也逐渐变得少言寡语，不善交际。正是这种负面情绪压抑了他身高的增长，造成了他现实的不幸。

在临床上，这种情况被称为"精神心理性矮小症"，即由于孩子的心理压抑而导致的生长发育迟缓、停滞。很多家长都以为只要孩子吃得好，睡得好就应该能长高个子，但却忽略了其中重要的精神因素。不仅父母离异、家庭不和、缺少关爱等压力会使孩子的身高停止生长，像学习任务过重等问题，也可能导致这种现象发生。情绪在孩子的成长过程中的确占有着不可忽视的作用。

像小涛这样的情况不是个例，美国著名的精神病学家霍劳博士也指出，孩子如果长期生活在精神压抑、无人关心或歧视冷漠的家庭环境中，就容易导致"神经""体液""内分泌"等功能的紊乱，并致使生长激素、甲状腺素等有助于长高的激素分泌减少，从而直接影响到孩子的身高。

受坏情绪的影响，人们感觉幸福的能力会减弱，理解力和专注力也慢慢开始下降。这种坏情绪日益恶化，就会发展成为抑郁症。测试显示，患抑郁症的人即使做最普通的事情，如洗牌，也明显比健康的人差。在抑郁的起始阶段，工作记忆就被损伤，压力激素降低了思维能力。慢慢地，那些非培养的能力萎缩了。如果人们很少使用脑中电路，脑中的电路就开始逐渐消失。当无望的感觉越来越糟糕时，脑就会持续分泌损害神经元的压力激素。如果这种状态持续很久，脑的功率还会更多地减弱——螺旋始终向下旋转，直到其底部。

随着身心的衰弱，生活的不幸也开始越来越靠近。才貌双全的林黛玉，多愁善感，忧郁猜疑，最终积郁成疾，呕血身亡。《三国演义》中的东吴大都督周瑜，妒忌多疑，心胸狭窄，被诸葛亮活活气死。这样的例子不是少数，坏情绪不可能为你带来幸福的生活。跨世纪的女作家冰心老人，一生淡泊名利，崇尚简朴，不奢求过高的物质享受，在和谐的环境中与人相处，在微笑中勤奋写作，高呼："生命从 80 岁开始!"相信她的健康长寿，事业辉煌绝不是因为坏情绪，只有积极的情绪才可能带人去幸福的彼岸。

针对像小涛那些患有"精神心理性矮小症"的人来说，并不是说就没有治疗的可能的。只要消除或缓解孩子的心理阴影，那么他们仍然可以正常长高。科学家们为此也做过试验，他们将一批受到精神压抑的孩子安置到和睦欢乐的环境中，让他们受到模拟亲人的关心与疼爱。3 个月后，约有 95% 的孩子发育情况发生变化，生长停滞的现象得以消除，身高基本上接近于其他同龄儿童的正常水平。

因此，我们必须要努力掌控自己的情绪，摒弃那些坏情绪，培养那些积极的情绪。对于每个人来说，积极情绪不仅是我们成功的前提，更是我们身心健康的保证。我们应该努力做自己情绪的主人，它能够让你重新获得主导权，而且你会发现，控制自己的情绪以后，所有的难题都迎刃而解了！克服坏情绪，这是我们靠近幸福很必要的一步。

越担心的事越容易发生，幸福的距离由你来定

生活中，我们肯定遇到过这样的事，有些事情你越担心它越容易发生。我们将它称为"担心定律"。的确，这好像已经成了规律，越是让我们感到担心的事情，往往在现实生活中就越容易发生，那些总是在我们头脑中出现的画面，不管是你非常希望还是非常恐惧，常常就会在有朝一日成为现实。可能这就是所谓的"心想"则"事成"。我们的潜意识非常听话，那些总是担心自己老公出轨的太太，结果必然是逼迫老公不得不出轨，总是认为孩子身体不好的妈妈，终将养出一个整天打针吃药的孩子，总是觉得孩子成绩不好的家长，他的孩子有一天就会变成一个学习真的不好的学生。

越担心的事情越容易发生，西方国家将此种情况命名为"墨菲定律"。当然，它不是一种真正的定律，只是民间的一种口头说法。"墨菲定律"认为，事情如果有变坏的可能，不管这种可能性有多小，它总会发生。比如你衣袋里有两把钥匙，一把是你房间的，一把是汽车的，如果你现在想拿出车钥匙，结果，拿出来的往往是房间钥匙。

"墨菲定律"并不是一种强调人为错误的概率性定律，而是

阐述了一种偶然中的必然性。再比如：你兜里装着一枚金币，生怕别人知道，也生怕丢失，所以你每隔一段时间就会去用手摸兜，去查看金币是不是还在，于是你的规律性动作引起了小偷的注意，金币最终被小偷偷走了。即便没有被小偷偷走，那个总被你摸来摸去的兜最后终于被磨破了，金币掉了出去丢失了。

越害怕发生的事情就越会发生，为什么？就因为害怕发生，所以会非常在意，注意力越集中，就越容易犯错误，这是潜意识在起作用。

时光如水，人生短促，无谓地忧虑烦恼不值得，不要浪费生命，让忧虑夺走你的快乐！正如"墨菲定律"想要告诉我们的，容易犯错误是人类与生俱来的弱点，不论科技多发达，事故都会发生。因此，我们应该保持一个乐观的心情，而不是总处在这样的忧虑当中，如果真的发生不幸或者损失，也要笑着应对，事情不发生最好，一旦发生，也要用乐观的心态去面对。总不能事情没有发生的时候你担忧事情会发生，而一旦事情发生了，你就又陷入到这样的悔恨和纠结当中，又让自己的内心饱受折磨，这样你又怎么可能会幸福呢？

现代人很难讲得清自己到底算不算幸福，但是，如果连你自己都怀疑你是否幸福，又怎么能期望会有好的结果发生呢？心中困苦的人日子总是愁苦，心中欢畅的人总有好运相伴。你的心在哪里，事实就会朝哪里发展。整天担心失业的人有朝一日真的会失业，整天担心车祸的人说不定车祸真的就会发生在自己身上；担心自己不配得到幸运的人最终会失去拥抱幸福的机会。

当你开始忧虑时，比如担心未来的生活、担心孩子是否健康、怀疑爱人的忠贞等等，请立刻停止消极的想象，因为这种负面能量会引导事态朝你担忧的方向发展！忧虑是阻碍你快乐生活的最大敌人，当忧虑出现时我们应该马上赶走它，而不能有丝毫纵容姑息！如果一个人终身被忧虑所主宰，那真是活着的最大悲哀！为什么不能享受眼前你所拥有的美好，而固执地让自己困在莫须有的焦虑和痛苦中呢？

把每一天过好是最大的幸福，快乐源于每天的感觉良好。总忧虑明天的风险，总抹不去昨天的阴影，今天的生活怎能如意？总攀比那些不可攀比的，总幻想那些不能实现的，今天的心灵怎能安静？任何不切实际的东西，都是痛苦之源，忧愁和焦虑是快乐的杀手。痛苦源于不充实，生活充实就不会胡思乱想。

那么，怎样做才能赶走已经出现和即将出现的忧虑呢？

1. 让自己平静下来，想一想什么是让自己心神不宁的事，其中哪些是今天的，哪些是过往或将来的不必要的忧虑，并告诉自己凡事要往好的方向想，因为宇宙的秘密是，你一直说的和想的最终都会变成现实，你强大的潜意识会推动你去实现它。

2. 列出今天最让你感恩的几件事（每天写在日记上，你就会发现事情会由开始的三四件变成十多件）；列出今天不想感恩的事，并问自己为什么，这些事让你学到了什么。

不要被一时的得失冲昏头脑，一味陶醉于暂时的胜利，或是沉浸在失败的阴影中无法自拔。我们需要居安思危，但也要保持乐观的态度，要做到时时笑，才能笑得更长久。所以，当你担心时，你也可以试着这样做，朝你希望的方向祈祷和想象，将你的担忧替换成好的结局，最终你会发现现实结果都变成好的！

其实幸福就像一面镜子，它就握在你的手中，你用笑脸面对它，它就会回馈你笑容；你用忧伤来看待它，它也只会给你不快乐。与人相处时我们都会发现，我们总是喜欢和能带给自己笑容的人亲近，而和让自己不快乐的人保持距离。幸福也是如此，它也愿意与快乐的人亲近，而和总是沉浸在忧虑中的人保持距离。因此，用一颗乐观的心来面对生活吧，拉近与幸福的距离。

没有完美，只有完整

"真的非常巧合，每当我要讲完美主义这一课的时候，总会有状况发生。第一天可能是忘记带电脑了，第二天投影仪有可能坏了。今天，我把电脑的电源落在家里了，希望电池能够撑满一节课，否则我们只能面对不完美的课堂了。我觉得肯定有什么潜意识的东西在作怪，否则不会有这么多的巧合。"也许，这是因为泰勒·本－沙哈尔教授本身是一个完美主义的人吧。每个人在自我剖析的时候，后悔遇到一些状况，而泰勒·本－沙哈尔教授的这份自我剖析的献身精神，也常常令人敬佩——很少有人愿意在大庭广众之下承认自己过去的固执和不完美。

曾经有一位教授就社会上的成功人士进行分析比较，将他们分为两类，一类是德高望重的长者，一类是初出茅庐的年轻人，这两类人群有很多的差别，但是他们有一个明显的共同点：在他们的生活中至少出现过一次或多次的失败。他们曾经或多或少地有过被解雇，被侮辱的经历。但是他们把这些危机看作转折点，尽管发生的事情不是最好，他们却总是能积极地看待这些事情，他们并不是完美的永不犯错的人，但他们总在追求自身的完整。

什么是"完美主义"呢？泰勒·本－沙哈尔教授给出了这样一个定义："蔓延在生活中的，尤其是自我很在乎的领域，不能应对对失败的恐惧。"每个人都会害怕失败，害怕受到打击，也不希望自己处于尴尬之中，这是很正常的人类天性，不管我们是否喜欢，"不能应对的恐惧"会阻止我们去面对失败，去勇敢尝试。另外这个定义中强调了"自我很在乎的领域"这一点。比如说，你可能在玩游戏这个领域就不是完美主义者，输赢都不重要；而在学习、人际关系上，你可能有点完美主义，因为它们对你来说很有意义，你很在乎。

如何对待生活的过程，如何从 A 点到达 B 点，每个人心中都有一个认知情感图示。关键点在"过程"这个词上。一个尽量做到最好，但是不苛求完美的人也可以和完美主义者一样，充满抱负，充满热情，但两者的区别在于对待"过程"的态度。

对于完美主义者来说，从 A 点到达 B 点的方式是一根直线，因为两点之间直线最短，这也是他们心中的对过程的认知情感图示；而对于尽量做到最好的人来说，他们的图示就是，从 A 点同样到达 B 点，必须迂回螺旋式的前进。这两种中哪一种更现实呢？很明显，当然是第二种迂回前进的模式。我们知道，通往成功是没有直路的。需要被支配的天性必须得到遵守。

"追求完美是一种限制性的天性。我也希望能够直接从 A 点到 B 点，我也不喜欢失败，输球，和妻子有分歧。我甚至还不想有重力的存在，这样我就可以到处飞。直线前进只是幻想而已"。泰勒·本－沙哈尔教授幽默地说："如果我们脑中是这种模式，其实是违背自己的天性，会因为不接受现实而受到打击。很多人，不光哈佛的学生，不快乐的原因就是采用了第一种模式，当然这并不意味着我们就喜欢失败。"

自古以来，总有那么一些人，总是看不到自我的成长，眼睛里只能看到别人，看到别人有才干比自己强，甚至产生了妒忌之心。

心胸狭窄的周瑜，看到足智多谋的诸葛亮处处高自己一招，便心怀妒意，甚至想置诸葛亮于死地。在吴蜀联盟与曹军进行赤壁之战时，他以军中缺箭为名，心生一计，让诸葛亮在十天内造出十万支箭。

由此看来，周瑜不但妒忌心强，而且又十分阴险狡猾。然而，独具慧眼的诸葛亮却满口答应下来，趁着大雾漫天，用草船从曹营"借"了十万支箭，提前七天顺利地完成了任务，使周瑜的阴谋破产。周瑜妒贤嫉能、心胸狭隘的本性也暴露无遗。

追求完美会限制人的天性。社会中处处都存在着竞争，因为竞争的存在，人们很容易就产生了比较的心理。通过比较，人们试图在茫茫人海寻找最完美的自己。最后才发现，现实生活中没有完美，只有完整。我们可比较的范围只能是自我的提升，尽自己最大的努力让自己变得完整。自我提升永远是无止境的，攀比只会迎来不必要的妒忌，不仅不会迎来幸福，反而会让自己感到更加的不幸福。

深山中有一座寺庙，庙里的和尚都非常上进，每个人都希望自己的表现比其他和尚更好，因此难免兴起比较、嫉妒的心态。许多小和尚为此感到不快乐，甚至有人因此爆发口角。

有一天，住持把那群小和尚叫来，对他们说："我今天要举行一场比赛。"

听到"比赛"两个字，小和尚们的眼睛都亮了起来，每个人都摩拳擦掌，似乎准备了那么久，终于能把别人比下去了，于是都七嘴八舌地问："师父，要比些什么呢？"

住持说："寺院的后方，种了好几棵百年菩提树，每天都会落下了不少叶子。今天我要请你们到树下捡叶子，谁能捡到最完美的叶子，谁就是今天的优胜者。"

住持一说完，小和尚们就争先恐后地往菩提树下跑。

大半天过去了，小和尚们纷纷回到寺院。第一个小和尚捡了一片特别大的叶子，说："师父，我认为这是最完美的叶子！"

但住持看了看，摇摇头说："这片叶子的确比较大，但是'大'不等于'完美'呀！"

第二个小和尚挤到住持面前，拿出一片颜色翠绿的叶子，说："师父，我仔细比较过了，这片叶子的颜色格外鲜艳，和其他叶子都不一样，所以这才是最完美的呀！"

其他小和尚，又接二连三地献出不同的菩提叶，但都被住持否定了。终于有一个小和尚按捺不住，问："师父，您可不可以告诉我们，究竟什么样的叶子，才是'完美'的叶子呢？"

"我一直在等你们问我这个问题！"住持笑了："其实，每一片叶子，都拥有不同大小、颜色、姿态。因此，世上根本没有最'完美'的叶子，只有最'完整'的叶子。你们每一个人，都像菩提树上的一片叶子，每个人都不一样。没有人是'完美'的，但我们可以努力做到'完整'。因此，你们又何必跟人比较呢？"

小和尚们终于了解了师父的苦心，从此学会彼此合作，而不再相互比较了。

就像老和尚说的，这个世界上没有人是完美的，我们能做的就是努力做到完整。一个人最大的敌人不是别人，而是自己。那么在追求幸福的过程中，我们参照的标准绝不应该是别人，而是自己，我们应该努力让自己更幸福，下一秒永远比这一秒更幸福。因此，我们完全没有必要活在与别人的攀比之中，哪怕失败了也不要存有嫉妒之心。其实，一个人如果处在败者的位置，依旧抱着乐观态度，以一颗平常心，给予成功者以真诚的祝福，这对于自身有着极大的益处。

盘踞在你内心深处的可怜的嫉妒，无形中便演变成为一种障碍，一种可以阻碍你与他人正常交往的障碍，一种阻碍你赢取成功的障碍。正所谓"一叶障目"，如果你无法抛弃这一点，那么你就永远不可能幸福。

每个人先天的条件、后天的机运本来就不同。我们可以要求自己"好，还要更好"，却不该追求"我要比别人好"，否则只会吓跑朋友、苦了自己。因此，我们必须努力消除"嫉妒"这种心理。

对体内的嫉妒，你可以有许多办法来抵消。其中，最关键和最有效的一步，就是摆正心态。要做到这一点，首先要有自知之明。"尺有所短，寸有所长。"人世间，没有十全十美的人。我们只有实事求是，客观评价自己，以诚待人，与人为善，削弱心中的嫉妒，杜绝嫉妒心理升级，降低嫉妒的危害性。

摆正心态更意味着你要认真地、坦诚地对待他人的成绩。

在别人的成绩面前以虚心的态度来认同对方，这虽然还谈不上让你视对方为自己，但对你自己本身却会有正面的效用。有了善意的认同，才能够以冷静的思考来反省自己不如对方的地方，把别人的长处当作自己努力的目标，带着高度的自信，充分发挥自己的优势，学习他人的优点，超越他人。如果只是一味地嫉妒，却不自我反省，这样不仅得罪了朋友，而且对自己毫无益处。

除掉根植在你心中的嫉妒吧，做一个追求自身完整的人，这样的完整不仅是成功，也包括精神上的满足。其实，幸福就握在你自己手中，不要总是抬头看别人，也应该低头看看自己，完善自我，做一个完整的自己。

第二篇

追求幸福：幸福
是至高的财富

第一章 汉堡代表的人生模式

忙碌奔波型：痛苦的消除不是幸福的来临

泰勒·本一沙哈尔在哈佛幸福课堂上曾经说过四种用汉堡代表的人生模式，首当其冲的是这种"忙碌奔波型"汉堡，这种汉堡不好吃，里面全是蔬菜和有机食物，食用这类汉堡的确可以保证身体健康，但吃的过程却会很痛苦。他们每天都背负着极大的压力，担心考试考不好，担心工作做不好，担心会受到老师和家长的批评，担心会错过领导的器重，于是他每天都盼望着假期的来临，因为只有那时他才能暂时地摆脱学校和工作的事情。这类人群在大众中不算少数，他们大多精于算计，懂得勤俭持家，但幸福似乎与他们缘分不大。下例中的小王就是其中的一个代表人物。

小王其实并不算小，36 岁，某知名企业资本运营部主管，年薪颇丰。妻子从事 IT 行业，事业正值黄金时期。两人在北京购置了一套住房并在两年前提前还清了全部贷款，现在可说是无债一身轻。表面看来，小王一家经济情况良好，没有额外负担，但实际上并非如此，原因在于小王是个骨灰级的精算族。

这种精打细算的精神首先体现在当年的租房问题上。当年小王和妻子用积攒了 5 年的钱付了房子的首付，买下了一套 120 平方米的房子，安居乐业的幸福感没有持续多久，小王就算计起了冬天的采暖费和日常的物业费，这房子大了费用自然高，再加上每月按时要还的房贷就是一笔不小的开支。于是小王想出了一个"减负"的点子，在反复做老婆的工作，征得同意后，他把这套大房子租了出去，然后在老婆单位附近又租了一套50平方的小房子。这样一算，大房子的月租金收入是2800元，而小房子的月租金支出才1500元，这等于每月增加家庭收入1300元，并且小房子的暖气、物业管理等费用也便宜，这一年下来节省的钱足够还一半的房贷了……可是，正当小王为自己的精明而沾沾自喜时，由此引发的各种问题也接踵而至。因为房子小父母住不下，家长减少了过来的次数；更重要的是，两个人再也不能像从前那样在周末邀请同事朋友过来小聚，原因是房子太小，超过5个人的时候室内很难有立足之地，由此产生的对社交的影响也对两个人的事业产生了间接影响。

终于等到还清了房贷可以回到自己的家中居住，可房子已经变得面目全非了。当年贴上去的壁砖少了几块，地板返潮突起，洗衣机报废……小王夫妇不得不又花费了2万元进行装修补救，这相当于1年的房租。尽管一切安置完毕，但小王的妻子有时还是感到不舒服："明明是自己的新房，为什么感觉像买了套二手房？"

当然，这只是小王精算的一个表现，其他表现还包括煤气费比电费贵所以坚决使用电磁炉、空调太费电所以只使用电风扇、去超市疯狂免费试吃以节省生活开支等。但最近小王上班总是无精打采，他解释说天气炎热无法入睡，同事很奇怪："那干吗不开空调？"

在别人眼里，小王经济情况良好，生活幸福，但实际上他并不快乐，自己的房子自己住不了，一心努力还房贷，等到房子终于能住了，可房子又已经面目全非，这样看来，他忍受着痛苦，却并没有迎来所谓的幸福。

由于社会的压力，以及环境背景致使出现了这么多的"忙碌奔波型"，人们为了一些目标——好成绩、好工作、奖金，而忽略了眼前的快乐，最终变成了盲目追求。其实从来没有规定说，成功一定要以牺牲快乐为代价。有很多为了学业、工作每天努力而勤奋的人，他们也过得十分开心。"忙碌奔波型"和这些人最大的区别，就是他们不懂得如何去享受他们的工作和生活。

为什么会有这么多"忙碌奔波型"的人呢？很大一部分原因是因为我们太在意同事、同学、朋友、亲人的看法和评价了。成绩优秀的人常常会得到家长的奖励，工作表现好的人，也会得到奖金。我们习惯性的去关注未来的目标和外在的奖励，而常常忽略了眼前的事情和事情本身的意义，最后导致终生的盲目追求。我们从不会因为过程而受到奖励，能否达到目标才是衡量一切的标准。社会只褒奖成功的人，而不是正在努力着的人——只看终点，而无视过程。

司南是外企的一位高级主管，但当年走出学校的时候，她只是个普通的毕业生。为了迈进人人都美慕的外企，司南确实花费了比别人更多的心思：工作努力、兢兢业业，周末从不休息，参加各类资格考试，证书摞起来能高过头顶，从最初 2000 元的月薪到现在几十万的年薪，司南开始拥有了不错的生活，但她还希望能送孩子出国、能换台更好的车或者在郊区买栋别墅，所以司南仍然要忍受每天到半夜的加班、一天至少四杯的咖啡。但问题是，紧张的工作让司南变得神经敏感，失眠成了家常便饭；孩子常常跟着保姆而对自己感到陌生；每天心情郁闷脾气火爆让下属怨声载道，司南的丈夫说："这是欲望驱动付出的代价。"

我们不得不承认，当目标达到时，心里的那种快感油然而生，但那种放松的心情并不是幸福，它只是一种错觉、假象。这种幸福可称为"幸福的假象"，在心理学家看来，这种目标达成后的快感主要来自于压力和焦虑的消除，因此它并不会维持太久。这就好比一个人吃饱了之后，他会为不饿了而高兴。但由于这种喜悦来自于饥饿的前因，当饥饿感消散，我们很快就会把吃饱饭当成一种理所当然的事，饱腹的喜悦早已消失得无影无踪。"忙碌奔波型"的人错误地认为成功即是幸福，坚信一旦目标实现后的放松和解脱就是幸福，因此他们不停地从一个目标奔向另一个目标。以至于到最后是否真正获得了幸福，连自己也不知道。

像这种忙碌奔波的人，会导致自己一直处在欲望的追求中，会变得不知足，没有什么所谓的快乐，只有无止境的忙碌。为什么我们不试着把生活节奏放慢，享受一下生活中点滴的快乐，换个角度去寻找追求成功的过程，做到真正拥有有意义的人生。

每个人都希望自己幸福快乐，也一直都在思索什么才是幸福快乐，似乎"怎样活着才是幸福快乐"已经成为了一个永远都不会有唯一答案的问题。每个人对幸福快乐的认知是不同的，这局限于其所生活的环境、阅历、以及自身的感悟。人对幸福的渴望确实孜孜以求的，其过程恐怕也是痛苦的，有时自己想象的那种幸福得到之时，存留的确是那么短暂，昙花一现。幸福和快乐总是无法成为一种常态。这就使我们好像坠入了追求幸福的一种怪圈和误区当中。

对于很多人来说，我们曾经也追逐过那些简单的幸福。金钱的多少并不重要，只要有一个自己爱并且爱自己的人，有一个和睦的家庭，一切就都够了。但是往往我们却败给了现实。让自己简单的幸福看起来非常的可笑。因此，我们把更多的精力投入工作、学习中，窃以为消除了内心的痛苦就意味着幸福的来临。于是他们便踏上了不断攀登的征程，因为太投入，往往错失了太多的美丽风景。

享乐主义型：无所事事是魔鬼设下的陷阱

在"哈佛幸福课"的课堂上，泰勒·本－沙哈尔还向学生们讲述了这样一种人生的汉堡模式，这种汉堡，它吃起来虽然美味，但也还是标准的"垃圾食品"。由于抵挡不住眼前的诱惑，吃下去享受了片刻的美好，但却埋下了痛苦的种子。我们身边不乏这样的人，他们往往只贪图眼前的利益而将幸福抛诸脑后，我们将其称为"享乐主义型"。

英国东北部有一个小镇叫卡奇镇，镇上的人过着美满的幸福生活，所有的人得益于祖上的福荫，加上政府的福利待遇良好，因此长久以来，他们每天需要做的工作就是如何玩乐，怎么潇洒怎么来。

这样的日子一直延续着。直到有一天早上，有一个叫奇娅的女子开始离奇地出现头痛的症状。她的丈夫大惊，马上将她送到附近的医院，但检查的结果竟然是，她身体没有任何异样。医生直摇头，认为可能是着了风寒，包了些药就让她回家里调养。

奇娅的病还未痊愈，又一个男子也得了这样的病，且症状明显重于奇娅。

不到半年时间，卡奇镇得病的人开始增多起来，但大家的诊断结果均显示没有任何异样，各项化验均合格。小镇里一时间传说纷纷，大家认为这里的地气出了问题，有的人干脆请了巫婆过来，还有些人想着不能这样让幸福的生活流逝，应该抓紧时间搬离这个"鬼地方"。

奇娅的丈夫十分疼爱奇娅，眼瞅着她症状加剧，心中痛苦万分，便将所有的积蓄都用来给奇娅看病，但效果不十分明显。

因为这种奇怪的病，卡奇镇几乎所有的家庭都花光了积蓄，他们开始变穷了。不得已，奇娅的丈夫成了镇上第一个外出挖煤挣钱的男人。挖煤的地点离小镇不远，奇娅知道煤矿十分危险，因此，她便时常给丈夫送饭吃，连续奔波几日后，奇娅感觉病痛的症状有所减轻。她喜出望外，便延长了奔跑的距离和频律，原来是一天送一次饭，或者有时候不去也行。后来，便一日三餐全部由奇娅送饭到矿上。

过了半年时间，奇娅的病自己好了。这半年内，奇娅每天都自己缩减药物的量，直到她感觉完全正常。

小镇上的人得知奇娅每天为丈夫送饭居然治好了这种奇怪的病，于是大家开始效仿奇娅，让每天的生活充实起来，不再聚集在一起无所事事时。果真，他们的病痛一个个开始减轻，并且逐渐康复。

有一位名叫卓尔的医生，是一个心理学家。他认真地分析了卡奇镇人的事情，果断地做出了这样一个结论：他们得的是"幸福病"。

他解释的理由是这样的：每天生活平淡安逸，肌体长时间无所事事，身体僵持，脑筋不能够维持生命的正常新陈代谢，直至伤寒淤积，开始出现病痛，他将这种病称为"幸福病"。

原来，太过安逸的生活，居然可以滋生出如此奇怪的病症。

一个贪图享乐的人，看不到人生的意义，看不到自己的价值，对生活没有期望，也就没有追求，就不会努力。最后的结果，也就是碌碌无为，不会有什么大作为，也体会不到真正的幸福人生。

"享乐主义型"的人总是寻找快乐而逃避痛苦。在他们看来，人生很短暂，如果没能及时充分享受生活，那就是一大罪过。享乐主义者的根本错误就在于将努力与痛苦、快感和幸福等同化了。其实，如果一个人真正过上了这样的生活，又会觉得非常的惶恐，因为这绝对不是真正的幸福。

诺贝尔经济学奖得主布堪纳特别迷恋美式足球，是一位铁杆球迷，他从不错过每年一月间的季后赛。但是，一场60分钟的比赛，少不了犯规、换场、中场休息、教练叫停等，这样要耗费很多时间。

布堪纳是一个非常珍惜时间的人，他觉得这样看球赛太浪费时间了，然而，球赛又不能不看。为了在心理上找到平衡，他决定给自己找点事干，于是就把核桃搬到客厅里，一边看电视，一边敲核桃。

与此同时，布堪纳还在思考：为什么自己长时间坐在电视机前会有罪恶感，为什么自己这么一会儿没劳动，心里就觉得不踏实？

在不断地敲核桃的过程中，布堪纳悟出一个道理：劳动不仅对个人有好处，对其他人也有好处。如果一个人饱食终日，无所事事，那么，除了他自己的损失之外，别人也享受不到他从事生产带来的"交易价值"。无所事事是幸福的杀手，无所事事造就碌碌无为的人生。

所以，生活中我们不要无所事事，而应该定好自己的生活目标，那么，在实现目标的过程中，幸福感也会紧紧相随。

对于享乐主义者来说，往往在天堂和地狱之间迷失了自我，他们错误地以为贪图享乐就是幸福，却不知道一个人如果失去了目标和挑战，生活将变得毫无意义；如果我们一味地逃避问题和挑战，那和一般动物有什么不同呢？当今社会，享乐主义导致了人类的价值观产生扭曲，一味地享乐，致使人们忘记了生活的真正意义！

古今中外，从未听说过有哪个成就大业者是靠着贪图享乐、奢侈腐化而做到的。相反，历史上因骄而奢、由奢而亡的例子却数不胜数。刘备乃一代枭雄，在诸葛孔明等一干文臣武将的辅佐下创立了西蜀基业。刘禅作为刘备的长子，只知贪图享乐，宠信宦官，软弱无能，诸葛亮在时还能勉强与吴魏抗衡，诸葛亮一死，蜀国政权就瞬间倾倒了。甚至当司马昭将刘禅软禁，故意在其面前安排歌伎表演蜀地的歌舞时，刘禅仍不思悔改，他的随从大臣看到蜀舞都联想到灭亡的故国而无不潸然泪下，但刘禅却说："此间乐，不思蜀。"这样一个只知贪图享乐的人又怎能肩负起国家的重任呢！

享乐主义使人们尽情地追求物质上的享受和肉体上的快乐，致使人们陷入意志消沉、缺乏进取精神的状态之中。而长期处在这个状态中的人就会变得像一盘散沙一样，颓废奢靡。

现在的家庭都是独生子女，只有一个孩子，所以免不了要娇惯一些，但也正是这种娇惯导致了独生子"享乐主义"思想的形成，什么东西都是伸手或张嘴就能得到了，根本不需要通过自己的辛苦努力。所以养成了"享乐"的习惯。只要还有吃有喝，就不用考虑太多，这样的孩子长大后能承担重任吗？为什么现代人都讲究忆苦思甜，就是为了让人们记住，无论什么时候都不要一味地贪图享乐，否则一切努力都将化为泡影！一切拥有的幸福终将失去！

虚无主义型：被过去经验击垮的胆小鬼

第三种汉堡最不受欢迎，既不好吃也不健康，吃这种汉堡既无法享受到现在的美味，也无法得到日后的健康。就连这种毫无营养也无味道的汉堡人生，现实生活中同样有人在一遍又一遍地重复。由于过去受过挫折，就理所当然地让生活处于一种虚无的状态，这种人对生命不抱任何的希望和期待。对于这种人，我们称他为"虚无主义型"。

虚无主义者似乎永远活在过去的阴影下，心理学家马丁·塞里格曼在他的研究中将其称为"习得性无助"。他做过这样一个实验，实验中有三组狗，他把这三组狗分别放在三个地板充电的房间里，第一组受到轻微的电击，并且在离它们很近的地方设有可以停止电击的按钮。第二组同样受到电击，但它们没有任何方法阻止电击。第三组则完全没有受到电击。当塞里格曼将所有狗都关在一个有矮栅栏的箱子里，开始进行轻微电击时，第一组（曾经被电击，但学会了操纵开关停止电流的狗）和第三组（没有被电击过的狗）很快跳了出来，第二组（之前无法停止遭受电击的狗）则只是徒劳地在原地哀号。塞里格曼将第二组狗称为"习得性无助"的受害者。

虚无主义者就像是接受实验的第二组狗，他们已经放弃追求梦想与幸福，他们不相信什么生活的意义。而这种想法的诞生很大一部分原因是曾经受到过重创。人们往往最怕的就是遇到挫折，因为挫折会拿走他们的一切，会带给他们的心灵重创。所以，渐渐的，挫折便被人类以及各种生物列出了黑名单。

挫折对于对弱者是一个万丈深渊。但对于强者是一块垫脚石，对能干的人是一笔财富。我们不要畏惧它，要勇于去面对，战胜挫折也是幸福。

海伦·凯勒是一个残疾人，病魔缠身的她并没有低头，她勇敢地挑战它的敌人，而不是退缩。她曾在她的人生字典中说过："我感谢自然带给我的磨难，让我学会坚强；我感谢老天给我的'厚爱'，让我学会反省。"瞧！她不是给了自己活下去的力量？她在没有阳光的世界里，并没有失去对生活的热爱、对幸福的渴望，她用知识为自己点亮了一盏明灯。终于，黑暗变成了光明，她成为一个幸福的人！

生活中，我们如像海伦那样积极地面对人生，往往就会迎来真正幸福的人生，而如果我们遇到一点问题和挫折就萎靡不振，不思进取，那么只会离幸福越来越远。不要让生活中一些芝麻大小般的事轻易地把我们打倒，其实这样的打倒从另一个角度来看，就是自己将自己打倒了。现代社会，学生"离家出走""自杀"的消息不绝于耳，而究其原因，那些理由都让我们觉得可笑。

"虚无主义型"本身就是一种错误，他消极地认为无论是现在还是将来，都无法获得幸福。他们最可悲，因为连短暂的快乐都享受不到，更不要谈什么幸福。甚至，虚无主义本身就是可怕的，对一切事物都抱着消极的心态，甚至认为人类也无须活在这个世界上。如果每个人都是"虚无主义者"，那社会又怎么会进步呢？其实人生难免会遇到一些挫折，而如果总是一味地沉迷在过去失败的苦痛里，那又怎么会成功呢？无论是什么样的人，都应该对生活抱有希望，英国有句谚语："不要在冬天里砍树。"因为谁也不能确定那在冬天看起来已经奄奄一息的树，是否会在来年春天抽枝吐叶，呈现出另一番生机盎然的景象。

爱迪生出身低微、生活贫困，而他唯一的学历就是一生中只上了3个月的小学，由于他经常会问老师一些奇怪的问题，所以竟被当作是傻瓜，老师还对他的妈妈说他将来不会有什么作为。虽然爱迪生没有受过什么良好的学校教育，甚至还被说成是问题学生。但他凭借着个人的奋斗和非凡的才智，最终还是取得了惊人的成绩。

爱迪生在学校得不到老师的欢喜，被大家认为是问题学生，但无论是他还是他的母亲都没有对生活失去信心，若是他当时变成了"虚无主义者"，沉迷在了老师以及他人的批评声中，那也许他自己也会认为自己真的就是个傻子，世界上也将会失去一位"发明大王"！

有一个美国医生曾经做过这样一个研究：有200名参加宴会的宾客，在吃了同样的食物后，其中一半的人中毒，另一半安然无恙。这引起了医生的疑问。于是，开始了解其中的奥秘。结果发现，那些中毒的人，平常生活中都是悲观主义者，对生活不抱有希望，没有什么梦想。而那些未中毒的人呢，他们积极面对人生，乐观地追求着幸福，用心理学的话来说，就是他们的心灵充满力量，也就是他们心能较大、较强，所以导致他们的免疫系统比较强。虽然听起来比较神奇，但也不无道理，想想如果一个人心情好，自然感觉一切都好。

在前进途中，磕磕碰碰是难免的，世界上没有一帆风顺的旅程。不要抱怨自己时运不济、命运多舛。因为一味地抱怨只会暴露出你骨子里的"弱小"。一个人要成就美好的情操，不是要求别人都具有纯粹、高洁的美德，而是要用自己的一身浩然之气，来抵御那恶劣风气的袭击。险山恶水、重峦叠嶂，最终还是要靠自己的意志去征服。珍珠只有经过了沙子的磨砺才能光彩夺目，不是吗？

人生拥有太多不如意，每个人的一生都注定会有挫折。人们常说命中注定，但是，你又如何知道一切真的就只是命中注定？我们要去挑战它，我们的命运要由我们自己掌握，不能让命运掌控我们！要懂得反抗所谓的"命中注定"。

命中注定只是失败者用来安慰自己的一个借口罢了，因为不敢面对，因为不敢挑战，因为不敢尝试，因为没有勇气，因为没有自信，造就了今天的失败。不要对生活失去信心，认真地生活，增加一些愉快的生活体验，即使失败了，也要对自己说："再来一次"。美国总统林肯有一句话很受哈佛学子的喜爱："有一条泥泞不堪的小路，我一只脚滑了一跤，另一只脚也因此站立不稳，但我给自己打气，不就是摔了一跤吗，又不是再站不起来了。"其实人生比你想象的要美好，不要陷入失败的深渊中不能自拔，笑对人生，找到属于你自己的那片天空！

挫折，是一种别样的幸福，挫折可以让勇敢者闯出他的精彩人生；挫折，可以让自信者品味出他的人生之道。人们往往需要一种突如其来的灾难去激发自身的潜力，而这种潜力，正需要挫折来辅助激发。仔细观察，仔细聆听，你会发现，挫折带给人们的好与坏，只在你的一念之间。挫折，不过是一场人生游戏，这场游戏的赢家是你还是挫折，由你决定，也就是说，你是这场游戏的操控者。

面对困难和挫折，我们要大声地对自己说："给我一次困难，让我懂得克服；给我一次挫折，让我经受磨难；给我一次失败，让我学会反省；给我一次耻辱，让我学会振作。我感谢每一次带我走向成功的经历。战胜挫折的人也幸福！"

在实际生活中，遇到挫折，我们一定要敢于面对挫折，面对任何困难险境，都不要被过去失败的经验所打垮，而是勇于面对，敢于克服任何困难险阻，不做虚无主义者，更不能做被过去经验所打垮的胆小鬼！

幸福型：永远可以更幸福

以上三种人生汉堡都是得不到认可的，它们在生活中存在，却不能带给人精神上的享受，由于上面三种汉堡人生的发育不健全，使得人们都不能感受到幸福是人生的一种至高的财富。这时候，我们就需要第四种汉堡，这种汉堡的存在，使得我们在吃的过程中既享受了美味，还不用为自己的健康担心。我们的生活中也总是有这样的一些人，他们享受地活在当下，而且用心地让自己的未来永远更幸福，我们将这种人生称为"永久幸福型"。

看到第四种汉堡，可能很多人疑惑，难道这就是幸福？按汉语词典上的解释，所谓幸福，一是指使心情舒畅的境遇和生活；二是指（生活、境遇）称心如意。这两种解释，都离不开生活与境遇，说明幸福由此至终与生活与境遇是息息相关的。经济学家认为，提高物质生活水平是人追求最大的幸福，这是无可否认的。因此"忙碌奔波型"人生的存在是合情合理的，但是却忽略了人内心的感受，从而致使我们不幸福。

美国作家、清华大学心理学系客座教授贝内克指出：不幸福的生活会让人生病，也会让人寿命缩短。他表示，西方的研究已经证实，身体健康和主观的幸福感是紧密相连的。比如说，在其他一切条件都一样的情况下，人们如果有疼痛，就会感到不大快乐。研究也同样证实，不快乐的生活容易使人常生病且寿命缩短。如果感到幸福，则可以让人的寿命增加7.5年。同时贝内克表示，幸福的人很少有健康问题，比如不大会罹患溃疡、中风、心血管疾病和过敏性反应等疾病，健康的人也不会给周围的人造成麻烦，反而会让周围的人更幸福。

有位国王每天听取大臣们报告政务，处理各项国事，忙碌的日子过久了，心里有点烦闷，很想轻松一下。有一天心血来潮，国王换上平民的衣服，带着侍从跑出王宫游玩。国王来到热闹的大街上，看到各行各业的人们充满活力地工作着，看来都很快乐的样子。

路边有一位老人正在修鞋，国王走过去问他："老人家，你喜欢修理鞋子这项工作吗？"

老人说："才不呢！好辛苦啊！"

"怎么会呢？我觉得这工作很轻松啊！那你觉得哪种人最幸福、最快乐？"

"当然是国王啦！听说王宫金碧辉煌，还有丰富美味的食物和许多宫女表演歌舞。"

国王听了，心生一念："看来这位老人羡慕国王的富贵，却不晓得身为国王的辛苦，不如让他当一天国王看看。"于是国王请老人喝酒，把他灌醉，带回王宫。

国王交代宫女们："为老人梳洗，换上我的衣服，让他睡在我的床上。等他醒来后，你们要像对待我一般恭敬地服侍他。"随后，叮咛大臣们也要把老人当成国王。

老人睡醒睁开眼睛一看，大吃一惊："自己怎么会在这么豪华的地方，身上穿的衣服也很华丽，难道是在做梦吗？"

一群宫女围过来说："陛下，您终于睡醒，请梳洗整装，享用早餐了。"老人愣住了，不知所措，宫女帮他洗手擦脸，半推半扶着他走到餐桌前坐下。

好丰盛的食物啊！老人欢喜地享受美食，吃完后宫女们表演歌舞，曼妙的舞姿和悠扬的乐音让老人乐得飘飘然，觉得自己好像真的变成国王了。

突然间歌舞停止，几位大臣走进来说："陛下，时候不早了，外面有很多大臣正等着向您报告国事呢！"然后半推半扶着老人，来到国王接见大臣的厅堂。

大臣们一个接着一个报告各种事项，老人一点也听不懂，听得头昏脑涨，好不容易挨到用餐时间，宫女们频频劝酒，把他灌得不省人事。这时真正的国王出来，吩咐宫女帮老人换上原来的衣服，然后派人把他送回原来的地方。

过了几天，国王又穿上平民的衣服去见老人，老人说："你知道吗？那天跟你喝完酒之后，我梦见自己变成了国王，虽然有宫女服侍也有美食可吃，却觉得好累、好辛苦喔！还是老老实实做个修鞋匠比较幸福！"

世间每个人的境遇与责任都不相同，如果不懂得知足、惜福，老是羡慕别人比自己有钱、比自己出名，永远比不完，日子会过得非常痛苦。每个人都有自己的优点与专长，只要安守本分、真诚付出，就会有属于自己的心安理得、充实快乐的人生。其实，幸福的人生不是相对于别人而言的，而应该是自我的满足，我们应该做的就是不断地努力，让自己从不幸福到幸福，从幸福到更幸福。

仔细想想，"永久幸福型"就是"享乐主义型"和"忙碌奔波型"的有效结合，不是一味地享乐，也不是无尽地忙碌，而是有目标有选择地忙碌，有着一定的人生追求，同时在追求的过程中也能够珍惜当下的幸福快乐。这样的人生是一个阶梯状的人生，我们总是在不断地攀爬，每当达到一个幸福状态的时候，又开始下一段行程，而这过程中的幸福不是某一个成功或者某一件商品，而是一种幸福的自我满足。

无数证据表明，钱有时并不能使人感到幸福，至少是不能感到更大的幸福。由此可见，人随着不同环境的变化，思想也会变化，人对幸福的理解必然会产生变化。如何让自己的心灵达到幸福的境界，这就要求我们要善于填充自己和丰富的心灵，让自己的心灵变得柔软、宁静、宽容、博大。

一是学会感恩生活。感恩生命的神秘，让你的心灵感受生命的快乐与悲伤；感谢生活中帮助过你的人，感谢亲情与友情；感谢困难与挫折，让你不断地成长和看到自己的不足。

二是学会快乐工作。奥地利享有崇高声誉的心理分析专家威廉·赖克说："爱工作和知识是我们的幸福之源，也是支配我们生活的力量。"工作是我们的一种谋生手段，是保障生活的基础前提。我们应该把它视作是自身阅历的拓宽，才会去热爱它。尤其要认识到工作无高低贵贱之分，只是社会的分工不同，每一行业都需要不同的人去工作。尽可能把自己的爱好融入工作之中，会更加快乐。

三是学会调整心情。在现代社会，人与人之间经常会有一种隔膜的距离，如果你觉得不能信任任何人的话，最好把你的坏心情寄予山水、音乐或是书本。它们会是你非常忠诚的朋友，让你的视野拓宽，忘掉烦忧。

四是不断提升自己。人的追求是一个无止境的过程，多读书，认识世界，更能认清自己的不足与渺小，最主要是能安定人心的浮躁。

如果我们能做到以上这些，就会感到很幸福。幸福也就是你自己真实的感觉，是否真正的快乐、满足、轻松，可以不知不觉地面露微笑。很多人以为幸福是很虚无缥缈的抽象的东西，但幸福其实很简单，生活中许许多多平凡的小事的集合也就构成了幸福。幸福也就是本节所说的第四种人生汉堡的滋味。所以，让我们多多的享受生活中的平凡事情，把握身边的幸福吧！

第二章　幸福才是衡量一切的标准

不是物质上享有多少，而是感觉拥有多少

"幸福"的含义是什么？守财奴说，幸福是家财万贯，富甲天下；虚荣的人说，幸福是声名远播，名垂青史；穷人说，幸福是吃得饱饭，穿得暖衣；而智者说，幸福不是物质上享有多少，而是感觉拥有多少。

曾经有人做了个很有趣的调查，随机问了 100 个人，问他们现在幸福吗？大家都能猜到大多数的人都会说自己不幸福，但是这个不幸福的比例似乎出乎人意料的高，超过 90％的人都说自己不幸福，而说自己幸福的则只有 10％，还是犹豫了一会儿才回答自己过得幸福。而更有趣的则是，这 10％，除了个别新婚的小夫妻，其他都是上了年纪的老人。

这里就有一个很有趣的现象，为什么年轻人都觉得自己不幸福，而老人们却觉得自己很幸福呢？当我们吃穿不愁的时候，请不要为了谋求财富，而失去欣赏身边美景的心情。当我们的眼中满满是财富时，那些幸福感正在一点点的流失。而只有当年近古稀，坐在摇椅上慢慢哼着那首《最浪漫的事》时，才明白，原来最幸福的莫过于并肩共看花开花谢，日出日落，年轻时努力追寻的财富、名利，在这个时候，都已经成了过眼云烟。

一个叫小霞的女孩有个要好的姐妹，叫小美。小美在 16 岁的时候，就退学了，虽然家庭条件很不好，但却嫁了一个在当

地很有钱的生意人。从此以后，小美就过起了非常享受的生活，吃得好穿得好，不用做家务，不是出去购物就是跟其他阔太太打打牌打打麻将。在小霞的眼里，小美的生活是无比幸福的。小霞非常羡慕小美，于是常叫小美给她介绍个有钱人，这样她也能过着衣食无忧的生活了。

可是，有一天，小霞在一家商场无意看到的一幕改变了小霞的想法。那是小美的老公，很亲热地搂着一个陌生的女人，似乎在陪那个女人逛街，两人有说有笑，非常亲热。小霞赶紧把看到的这些告诉小美，本以为小美会伤心得大哭大闹，但是小美却显得很平静，淡淡的抛出一句："其实我早就知道了。别人看我的生活很富足很幸福，可是只有我自己才知道过的是什么日子，只有我自己才知道我流过多少眼泪。"原来小美早就知道这一切，幸福的生活只是表象，现实则是过着忍气吞声，小心翼翼的生活，过得并不如外人想得那般开心！

小美的话，打消了小霞对于富人的幻想，想想还是嫁给一个老实上进的男人吧。于是，小霞就嫁给了现在的老公。小霞的老公家境并不富裕，可是给了小霞全心全意的爱和呵护。虽然两人的生活过得很拮据，但是过得的确很幸福，而小美却在小霞结婚后没多久就离婚了，看来富太太，也不是那么好做的。小霞庆幸当初没有嫁有钱人，而是嫁了现在的老公，在两个人共同的努力下，小家也是像模像样，过得很滋润。

其实，我们的周围还有许多像小霞这样的女孩，她们懂得知足，过得幸福。

知足常乐，一个简单的词汇，可是多少人能做到呢？再问问接受调查的人，问问他们觉得不幸福的原因，问问他们想要怎样的幸福。

有的人说，他现在没有太多的钱，而理想中的幸福的生活应该有很多钱，衣食无忧，想买什么就买什么，想出去旅游就出去旅游，想吃什么就去吃什么。

有的人说：他现在还买不起房子，理想中的幸福生活是拥有属于自己的大房子，好好的装修，还有一点可以支配的小钱。

有的人说，他现在没有好的工作，理想中应该有份好的工作，过着安逸的生活，无忧无虑的生活。

难道，幸福真的如这些人说所的，幸福与物质有关吗？他们真的如他们所说的不幸福吗？

民间流传这样一则家喻户晓的故事：

在明朝，有个叫胡九韶的普通百姓，金溪人。他的家境很贫困，一面教书，一面努力耕作，生活非常辛勤，仅仅可以维持衣食温饱。在每天的黄昏时分，胡九韶都要到门口焚香，向天拜九拜，感谢上天赐给他一天的清福。

妻子笑他说："我们一天三餐都是菜粥，都吃不上大鱼大肉的，怎么谈得上是清福呢？"胡九韶说："我首先很庆幸生在太平盛世，没有战争兵祸。又庆幸我们全家人都能有饭吃，有衣穿，不至于挨饿受冻。第三庆幸的是家里床上没有病人，监狱中没有囚犯，这不是清福是什么？"

幸福不是物质上享有多少，而是感觉拥有多少；幸福不是靠物质积聚而来的，而是在精神上升华获得的。现代社会的快节奏生活，培养了很多理性的大脑。很遗憾，这些大脑没有培养出幸福感，反而使我们的心灵物化、感受力降低，就像现在流行"快餐文化"，不再需要用心去感觉了，心灵也不需要那么敏感，只要用头脑思考就行了，只要用逻辑判断就行了。

有时候，我们总觉得别人比自己幸福，总是带着羡慕的眼光看别人，一直想追寻更多的幸福，但是我们都忘了用知足的心去接受幸福。就像法国科学家丰特奈尔曾经说过："幸福最大的障碍，就是期待过多的幸福。"

当你觉得自己不幸时，你有没有想过，别人有可能比你还不幸。你有想过，在你的身边还有很多关心你支持你的家人和朋友吗？这样你就会觉得自己不是不幸，也不是一无所有了，你有的是所有爱你的人对你的照顾和关爱，你有的是所有爱你的人对你的真心付出。你会发现，这个世界原来是这么的美好。这样你的心底就会洒满阳光，这就是幸福感。

能背起背包走天下是幸福，能舒心的工作是幸福，风起的日子总有人提醒你加衣是幸福，每天能睡个踏实觉是幸福，想旅行时有谈得来的朋友愿意陪伴也是幸福，常有静静看书的心境和时间是幸福，珍藏一件凝聚感情和回忆的物品也是幸福。

这些幸福无关物质，只是用心感受而已。幸福，是世上最动人的词汇，我们要享受老天赐给我们的幸福滋味，不要在物质的世界中迷失最真实的自我。降低幸福点，为我们感觉拥有的一切感到幸福。这样，我们就随时随地觉得自己很幸福。

成就人生的标准不是金钱

成就人生的标准是金钱吗？人生取得何等的成就，才能获得一顶"成功人士"的光环戴在头顶？至今没有哪家权威机构或权威人士给出一个标准答案。但凡顶着"成功人士"光环的人，大多都会被大肆宣扬，浓墨重彩，我们也发现了，那些"成功人士"无非是一些富商名流，企业老板等等，所以给了很多人一个感觉，人生成就的标准就是金钱。

无可厚非，金钱似乎成了现代社会成功的代名词。而且，金钱越多，好像越成功。"50年代嫁英雄，60年代嫁贫汉，70年代嫁军营，80年代嫁文凭，90年代嫁孔方兄"，一首民谣唱出女性择偶标准的转变，也唱出了"成就"标准之变。难道，成就的标准真的是金钱吗？

有的时候，金钱对于成就和进取来说的确是一个非常重要的衡量标准，也是成功和进取的动力。但一味地追求更多的金钱，就会让成就与进取失去了本来的意义。把钱当成唯一目的会终止成长，有个大于自我的目标才能让人继续努力。面对金钱与目标的选择时，若是选了金钱放弃目标，常常会让我们困在成长的陷阱里不可自拔，越陷越深。不要认为金钱就是万能的，若为金钱迷失自己，则是愚蠢的！

4个商人和一个为他们做杂活的少年骑马穿越大沙漠时遇到沙尘暴。5匹驮着水和食物的马不见了踪影，烈日炎炎肆虐着沙漠，5个人由于饥渴都无力地躺在沙丘上。他们口干唇裂，每个人嘶哑的喉咙里都发出一个声音："水！"

胖商人的身上，此时的确有一小壶井水，约500克。在穿越沙漠前，他灌了一壶酒，被同行的商人开玩笑偷偷地换成了水。而如今，出乎人意料的是，这一小壶水比酒不知道贵重了多少倍。5个人都明白，这500克水给一个人喝下去，那么这个人就有可能走出沙漠。而假若每人分100克水，那么5个人可能都走不出沙漠。3个商人的目光都投向了胖商人，都表示愿意用金币来买这壶水。

瘦商人先出价10个金币，另外的商人赶紧也竞相出价，这壶水的价格也从之前的10个金币涨成100个。最后，3个商人都表示，愿意倾尽所有来换这壶水。只有那个做杂活的少年，一声不吭听他们争吵，他身上没有金币，也知道那壶水不可能属于他。

胖商人并不傻，他不会将水卖给任何人，他头脑异常清醒："谁喝下这壶水就有可能走出沙漠，卖给你们这壶水又有什么用？你们难道看不出金币的价值现在等于零吗？"其他3个商人目瞪口呆，随即便开始争抢厮打，企图用蛮力抢夺这壶水，接着身上的匕首、皮带都用了。

最终，4个商人搏杀许久都倒在血泊中，而那壶水就自然而然属于身无分文的小杂役。还有那满地的金币，少年只要肯弯下腰，他就成了那些金币的主人。然而，少年只是捧着水壶，没有弯腰捡那满地的金币，因为他清楚地知道，捡一枚金币，就会有第二枚、第三枚，如果负重穿越沙漠，即使得到那壶水，也不一定能走得出去。而活着走出沙漠，则是他此时的目标，如此强烈的目标，与财富无关。

谁都想要金币，故事里的少年也想要。可是，少年有着更强烈的目标。所以，他战胜了自己，战胜了那些金币的诱惑，战胜了沙漠。金钱，有的时候的确很有价值，可是在自己的理想和目标面前，金钱是没有价值的。若你为了金钱放弃自己的理想和目标，那就迷失了自己。

卡内基在他33岁时就建立了钢铁公司，这个公司后来跃升为美国最大的钢铁公司。那一年，他在自己的备忘录中写道："人生必须要有目标，而赚钱是最坏的目标，没有一种偶像崇拜比崇拜财富更坏的了。"

卡内基告诉年轻人，无论一个人收入是多还是少，记得把收入分成五份进行长期投资规划：一份是增加对身体的投资，让身体变得很健康；一份是对社交的投资，扩大你的人脉；一份是增加对学习的投资，让你变得自信；一份是增加对旅游的投资，扩大你的见闻；最后一份是对未来的投资，增加你的收益。如果长期进行这五份投资，你会发现，你的人生会不一样的，收获的不仅仅是金钱上的成就，更是生活上的成就。这种成就超越了金钱的自豪感，而是来自灵魂的自豪，发自内心的满足感。

有一个面包师，自打生下来，就对做面包有着无比浓厚的兴趣，闻到面包的香气就如痴如醉。后来他长大了，经过自己的刻苦学习，如愿当上了面包师。他做面包的时候，必须要有四个条件，缺一不可：要有绝对精良的面粉和黄油；要有一尘不染、闪闪晶亮的器皿；打下手的姑娘要令人赏心悦目；伴奏的音乐要优美动听。

这个面包师完全把面包当作艺术品，把做面包当作是艺术创作，哪怕是有一勺黄油不新鲜，他也会大发雷霆，认为这是对艺术的亵渎，难以容忍。要是哪一天没有做面包，他就会满心愧疚：馋嘴的孩子和挑剔的姑娘只能去吃那些粗制滥造的面包了。

他从来不去想今天做了多少生意，赚了多少钱。然而，他的生意却出乎意料的好，超过了所有比他聪明、比他更迫切需要赚钱的人。

人的成功可以分成两种。一种是名利的成功，一种是人格的成功。前者是金钱上的，物质上的，而后者是需要用一生的努力来获取的，属于精神层次的。毫无疑问，上面那个面包师，就属于后者，名利成功是其次，最重要的是，他在做面包上收获了快乐，收获了别人对他的尊重和喜爱。正是因为他的这种对名利成功的淡漠，正是因为他对做面包这门艺术创作的敬仰，才使得他的生意比别的聪明人的都好。

现代社会，把金钱看得越来越重，生活是需要金钱作为基础的，有了金钱才能保障生活的品质，但金钱的需求不能代替精神的需求。每个人天资不同，生长的环境不同，所受的教育不同，大家都可以拥有自己的理想，在社会上找到属于自己的位置，这跟金钱无关。良好的心态，成熟的思想，为了理想努力进取的心，这是自己的，谁也夺取不了。做人成功了，一切都会成功的。

如果你的眼中，不仅仅只有金钱，而是有着理想，有着信念，有着亲情，有着爱情，有着很多美好的东西，那么在若干年后，你会发现，其实你收获的，比金钱更加诱人。而金钱，也就不是衡量一个人成就与否的标准了！

一百万现金买不来一个知己好友

一百万现金能买来一个知己好友吗？也许很多人都会说，给我一百万，做你的知己好友，这简直是天大的好事啊！朋友不就是陪你吃吃喝喝玩玩乐乐吗？所以，一百万不仅能买来一个知己好友，可能还能买个十个八个呢！在现代社会市场经济下，金钱仿佛越来越无所不能。它不仅能买到生活必需品，使得生活质量更高，也能买到精神上的产品，包括人的情感。但是，金钱买来的这种友谊真的像我们需求的那样亲密无间牢不可破的吗？

在法国作家巴尔扎克的《欧也妮·葛朗台》中，老葛朗台为了金钱，逼死了自己的妻子，连死时也死死抓住金币不放。但中国古代也有流传已久的"管鲍之交"，那是重友谊，轻金钱的佳话。发展至今，金钱友谊到底孰轻孰重呢？

一个人的资产不仅仅指的他的车子、房子、现金、公司等有形资产，还包括他的社交、人脉、个人魅力等无形资产。如果当友谊遭遇金钱，该是怎样的情形呢？代表义气的关云长逐渐被冷落，而财神爷在大街上却随处可见，无论是大小商店饭店，还是普通人家的家里或车里，随处可见财神爷被安稳的供奉着。可见，友谊在金钱面前被贬值了。

个别中小学校园里逐渐流行起这样的一种风气：班级中谁入团，谁当上三好学生就得请客，过生日就得请大家"搓"一顿，如果不请客，那么"小气鬼""不够朋友"等词汇，躲都躲不了。校园里风气就如此，更别提社会上了。难道，人与人之间的情感真的被金钱所代替了？

小张的朋友魏某因为生意出了点问题，急需一点钱。当小张接到魏某借钱电话时，非常惊讶，因为魏某只是小张的一个很普通的朋友，关系并没有那么深厚。小张跟魏某说，一会儿给他电话。

小张考虑了10分钟，就决定把钱借给魏某。

一个月之后，魏某把钱还给了小张，并对小张说："你借钱给我我感到非常意外，我之前打过9个电话，你是第10个。当时你说'一会儿给我电话'，我以为我还要打第11个呢。"

　　魏某还说，这 10 个电话是他按照亲疏顺序打的，本来觉得还有很多朋友的，电话打下来才发现他的朋友真的很少，自己原来那么孤独。

　　魏某的话给了小张很大的启示，他也想看看自己到底有多少朋友，如果跟金钱扯上关系，友谊是不是还是如此坚挺。魏某劝小张不要这样试探朋友，因为他觉得小张肯定会失望的。

　　小张把他自己的朋友列了一个名单，大多都是经常在一起吃饭，喝酒，泡吧的朋友，这些朋友完全有经济实力借个几万块钱。小张给这些人发了一条短信，大致内容就是生意出了状况，要借点钱，如果借不了就回个短信，如果能借就回个电话。

　　接着，小张看着手机，信息回复得很快，拒绝的理由很多，都大同小异地表达了一个意思，都说手头有点紧，拿不出钱来借给小张。打给小张的第一通电话是 20 分钟之后，第二通电话是一个小时之后接到的，只有这两个人表示愿意借钱给小张。小张知道自己的朋友也不多了，跟金钱扯上关系，仅存的友谊就这两人了。

　　小张说其他的人或多或少平时会麻烦他，不是工作上就是生活上的问题。小张也给过那些人很多帮助，只有那两人，基本没有麻烦过他，但是只有他们两个愿意借钱给他。帮助过你的人永远会帮助你，但是你帮助过的人却不一定会帮你，小张很有感触。

　　看过这个故事的人，想必都很有感触，都会思考，在自己的身边，究竟有几个真心的，与金钱相抗衡的知己好友？我们再回头看看最初的问题，一百万能买来一个知己好友吗？对于这个问题，我们首先要了解什么是知己好友？金钱的作用又是什么？我们认为的知己好友就是朋友之间的友谊，是心里兼容基础上形成的一种强烈而深沉的情感。两个陌生人之间没有交情，因此也就没有友谊，但两个陌生人之间因为种种原因，有了接触，有了交往，也不一定有友谊。就像是你经常去一家小店买东西，久了就跟店家熟了，本来是老板跟顾客的关系，久了就成了熟人关系。即便是熟人，也不一定有友谊。但朋友关系都是从陌生人之间的长期交往发展而来的。人没有天生的朋友，同学关系、同事关系是交往关系的主要关系，但从同学关系、朋友关系发展到知己好友，还需要一个重要条件，就是心理上的兼容，情感上的强烈需求。如果情感上能够有依赖的感觉，能够向对方阐述心里话，那么，对方就成了你的知己好友了。

春秋战国时期，晋国上大夫俞伯牙有把珍贵的五弦琴，一次，他在中秋乘船游览江山时弹奏，突然断了一根弦，伯牙大惊，发现有人在岸上听琴，原来是一个樵夫。起初伯牙对樵夫很轻视，没想到交谈后却发现这个樵夫谈吐不凡，不仅对琴了如指掌，还对俞伯牙弹奏的高山流水的意境也阐述得分毫不差，就像说进了伯牙的心里。这个樵夫叫钟子期，两人谈得十分投机，约在明年中秋再见。

光阴似箭，来年中秋，俞伯牙又在江边等钟子期，却一直等不到。伯牙到处问人找到了子期家，但是没有见到子期，只见一位老者，是子期的父亲。老者哭着说，子期买书攻读，日夜辛勤，却耗费心力，染病于百日前去世了。

俞伯牙很悲伤，泪如泉涌，在子期墓前悲奏一曲，却被周围不识音律的人观看嘲笑，他们只知琴是用来取乐的。俞伯牙断琴弦，将琴摔向祭石，叹道："摔碎瑶琴凤尾寒，子期不在对谁弹！春风满面皆朋友，欲觅知音难上难。"后来，伯牙弃官到江边侍奉子期的父母，曰："子期即吾，吾即子期。"

虽然伯牙和子期的故事带有点传奇色彩，但是寄予了人们对于友谊的美好期待，不靠金钱来搞人际关系，不会为了金钱放弃友谊。

一百万现金的确很有诱惑力！金钱能买来商品，可是买不来知己好友，因为知己不是商品。但是知己好友间也有一定的金钱开支。比如说是朋友过生日送礼物，比如朋友生病去医院探望等等。但是，若是用金钱去收买人心，企图让那个人成为你的知己好友，是愚蠢的。因为若是在你有钱时成为你朋友的，在你没钱的时候，就有可能背弃你。真正的朋友无论你在顺境还是逆境，都会对你不离不弃的。

在一百万现金面前，腰杆站的很直的，你可以和他深交。若在一百万现金面前，没有了最珍贵的人格的，要这样所谓的知己好友又有何用？用一百万现金买个好友，是愚蠢之极的想法。用一百万现金充实自己的人格，做有意义的事情，真心对待身边的人，这样比用一百万现金买个所谓的知己好友实在得多，也明智得多！

珍惜身边真正对你好的朋友，因为，那比一百万现金还来得珍贵，也是一百万现金所买不来的！

富人并不像你想象的那样幸福

也许很多人都会觉得，幸福来源于金钱，有钱了，才会获得幸福。所以很多人为了金钱绞尽脑汁，不择手段，甚至出卖亲人、朋友和自己的人格去追求金钱。真的有钱就代表有幸福吗？难道金钱跟幸福有着必然的联系吗？

诚然，当今社会，要生存，要立业，要提高生活的品质和后代的抚养教育，都离不开金钱。但是除了物质的需要，我们还应该有更高的精神层次的需求。人生的意义不在于做金钱的奴隶。如果你不幸已经沦为金钱的奴隶，那么你就彻底迷失了自己，不仅不会觉得幸福，还会被无尽的欲望所吞噬。为金钱而苦恼的人，苦恼将会无穷无尽。

富人真的很幸福吗？也许他们怕被偷，怕被抢，怕被绑架，怕被诈骗等，这有什么幸福可言呢？有句话说"贫穷自在，富贵多忧"，就是这个意思。假如一个人郁郁寡欢，即使拥有富甲天下的财富，可心里空虚寂寞，没有精神支柱，这样的生活又怎么有幸福可言。

在杭州龙井村有一位农民，家有五亩茶园、一个茶室和一块地，每年的收入20多万。当然还有别墅、汽车以及大量的银行存款。他在他的阳光大别墅里面，愁眉苦脸地自言自语："哎，这日子怎么过啊？"

一个年收入20多万，住着别墅开着小车的人说日子没法过，不知道的人会说他矫情，只有了解情况的人，才会对他投以同情的目光。

原来他有个女儿，本来是在浙江读大学的，上大二时，他女儿突然有了去澳大利亚的念头。他劝过女儿不要冲动，但是女儿执意要走。移民澳大利亚可不是一笔小数目，女儿是他的命根子，所以他毫不吝啬地把家里的百万存折给了女儿，他的身边只剩下不动产和为数不多的现金。

这些不动产没有给他带来快乐。没有女儿，要茶园，要茶室，要别墅也没有了意义。他不知道自己赚钱是为了什么，也不知道要赚多少才会快乐。每个月，女儿打电话回来，他都会问他女儿"你还需要钱吗？爸爸再给你汇点过去！"

或许，这是他唯一的赚钱动力了。他开始拼命赚钱，甚至有一次，他为了5元钱的茶资和一位熟客闹得不欢而散。他自己都不知道自己为什么会去计较这5元钱。他总觉得自己很穷，女儿很需要钱，他的晚年也需要钱。以前日子不富裕时，那种单纯的"日出而作日落而息"的快乐再也找不到了。

现在，很多中国富人都陷入一种精神贫困的状态。无论你赚了多少钱，处于何种的社会地位，你都觉得自己没有钱，仍然是个穷人。消除物质上的贫穷是容易，但是消除精神上的贫穷感却不是那么容易。

不要羡慕富人的生活，他们没有你想象的那般快乐。爱情能够给你带来快乐，但是也会给你带来痛苦；财富可以给你享受，但是也会给你带来苦恼。人的财富地位或许会有高低区别，但是对幸福的体会并没有高低之别。只是有钱人的快乐代价比较高，穷人快乐比较单纯而已。

有一个富人，钱多得几辈子也花不完，想什么就能有什么，可是他总觉得自己不快乐。有一天，他去山里游玩，看到一个老人赶着一头牛，一边在田里耕田，一边还哼着歌曲，开心得很。富翁就很奇怪地去问他，耕个田怎么也那么高兴。那位老人说，他有一亩三分田，家里还有人等着他回家。现在他赶着牛耕田，虽然地不多，可是也够全家的粮食了，虽然穷点，但是很幸福，很满足，为什么不快乐呢！

富人就问，那你告诉我快乐是什么，怎么才能得到快乐。富人说他什么都不缺，就是缺了点快乐。老人叫那个富人拿个篓子捡着石头走，一边捡一边走，直到捡满为止。等满了，再把石头一个个放下往回走。富人照着老人的话去做了，篓子装得很满，他觉得很累，累得都快要走不动路了。等篓子满了，富人又把石头一个个放下，感觉整个人都轻松很多了。

老人问富人什么感觉，富人说，把石头卸下来当然不累啦。老人说，就是因为你心里的石头放不下，所以你得不到快乐。老人又说他什么都没有，但是每天耕着这份田，还有家人等他吃饭，心里当然快乐。因为有家人的爱，很温暖。而富人拥有金钱却也拥有太多的压力，缺少温暖，这样是不会觉得幸福快乐的。

所以说富人不一定都是幸福的，很多富人往往过得不快乐，是因为被金钱束缚了自由，而且欲望也变得无止境了，得到后反而患得患失，心里的包袱很重，在世俗中迷失了自我，不得释放。穷人为生存而奔波，没多少心思想别的，只要有一点物质来源就很满足。富人已没有生存问题，但老挖空心思想着赚更多的钱，获得更高的社会地位，并为此烦恼不已。从这个角度来看，穷人似乎要比富人幸福得多！

幸福是源于需要的被满足，这种需要可以是物质上被满足，也可以是情感上被满足。当你觉得亲情最重要时，即使散尽千金来维护亲情和家庭也是值得的，这种幸福与贫富关系不大。想想快乐其实无处不在，只要你带着知足常乐的心态。幸福与财富无关，富人并不像你想象的那样幸福。只要你愿意，就算是没有太多的财富，带着发现美的眼光，多一点的时间去陪伴家人和身边的朋友，用多一点的时间去享受生活。那样，你也会有浓浓的幸福感，变得很快乐。这样，精神上你也是个"富人"，而且是个幸福快乐的"富人"。

物质财富的积累，却迎来了情感破产危机

在现代社会，财富和地位变得越来越重要。有了钱，生活品质大大提高了。可是在物质财富积累得越来越多的时候，你是否有关注过自己的情感？

近年，以企业精英、私营业主、城市中产阶层为主体的国内中高收入群体快速崛起。也许，他们拥有令人羡慕的事业和财富，但是，却不一定拥有令人羡慕的家庭和爱情。因为，在不断累积物质财富的时候，精神财富却面临着危机。就像公司可能破产一样，心灵也可能破产。

人的欲望是无止境的，而且天下没有十全十美的事会落到一个人的身上。

有这样一对夫妻，在他们年轻的时候，女人长得很漂亮，追求者很多。而男人呢，家庭条件很差，但是性格很阳光，经常带着女人出去玩，一起吃街边小摊。所以，尽管男人很穷，女人还是嫁给了他。

结婚以后，男人带着女人去外面闯荡。那是 20 世纪 90 年

代末，两人一起打工，虽然一无所有，但是相互扶持，过得很快乐。一个偶然的机会，一个亲戚要回老家，把小店转让给了他们。于是，两人就兢兢业业经营小店，直到成为今天的小商场规模。

物质上，两人的生活比过去好了许多，房子有了，车子也有了，孩子也很听话，可是女人越来越觉得郁闷了，觉得生活一点意思也没有，不知道以后的日子是不是也这样。男人很不理解女人，现在的生活好了，却老唉声叹气，显得很不开心。

也许，男人觉得有事业，就有动力。可是女人不一样，她宁愿回到以前的穷苦日子。她虽然也体谅自己的男人，因为他为这个家很辛苦，为了家付出了很多，但是这样有钱却不快乐的生活的确不是她想要的。

在男人的眼里，拼事业，拼财富，是男人的动力。而在女人的眼里，浪漫的爱情才是女人最想拥有的。女人对金钱的渴望，远远没有渴望一个男人对她关爱体贴的强烈。男人或许认为，有钱就能让家人过上幸福的生活，但在这个过程中，男人往往会忽视女人的感受，而女人没有情感的滋润，自然会觉得生活没有乐趣，过得很抑郁了。

如果男人在每天繁忙的工作中，抽出半个小时陪女人散步，抽出半个小时陪孩子学习或玩耍，这又是如何的情景。女人其实也不贪心，就是要自己的男人多关心自己一点点而已。这些，男人意识不到，或许等他真正意识到已经太迟了。

当财富积累得越来越多，个人专注的重心就从家庭、婚姻、情感上转移到事业和金钱上，从而漠视了情感。当情感被漠视到一定程度，情感也就淡漠了，危机也就出现了。所以，当财富累积的越来越多，情感则有可能越来越少，甚至有破产的危机，并不如外人看的那般幸福。

张女士是在1998年和老公结婚的，在婚后的第一年就有了女儿。结婚的时候，老公借了一些钱，有了孩子后，他们就开始考虑以后的生活。因为家里不仅没有钱，还欠着外债，于是夫妻打算外出打工挣钱还债。夫妻俩把女儿留给了丈夫的爸妈照顾，来到大城市创业。

在大城市安顿下来后，夫妻俩就开了一家小店，因为没有经验，生意也不怎么样。但是两人充满干劲，每天早出晚归，一心想搞好生意。功夫不负有心人，小店生意越来越好，两人索性扩大小店规模。虽然更累了，但是收入一天天增加，心情也很舒畅。

随着生意的扩张，业务越来越忙，张女士的强项就显露出来。因为张女士性格外向，爱说爱笑，又能吃苦，客户都愿意跟张女士打交道。而张女士的丈夫的性格就比较内向，不善表达，为人实在，不会变通，特别是面对日益扩张的生意有些力不从心。不知不觉，张女士就负责了店里的生意，进货出货等相关应酬都由张女士来，而丈夫就把精力放在家里，家被收拾的井井有条，更练就一手好厨艺。

生意好了之后，他们把孩子接到了身边，但是张女士没时间照顾，照顾孩子的事情就落在了丈夫身上。在分店开张后，张女士更是分身无术，家里的事情一点也顾不上了。就在事业越做越大时，张女士的丈夫对张女士却越来越不满意。张女士很不理解，自己拼了命把事业经营得这么好，丈夫凭什么对她不满。

因为家人都不接纳张女士，她只好去店里忙生意。其间，她也试图改善夫妻关系，毕竟，她不想做孤独的女强人。当她试图与丈夫亲密时，丈夫却转身走进孩子的房间，留下张女士孤零零地站在卧室里不知所措。

金钱轻而易举地颠覆了爱情？爱情何其轻，金钱何其重！当男女离金钱最近时，离爱情最远，没有爱的感情就是不幸的感情。金钱毁掉了很多纯真的爱情，毁掉了许多幸福的家庭，毁掉了许多最初的情感，金钱使得情感出现危机，甚至破产。

所以，不要让你的眼里充满着金钱，不要在情感有了破产危机的时候，才意识到情感的可贵，这时显然已晚！

内在的幸福才是永恒的财富

关于财富的定义，很多人第一反应就是想到大把大把的票子，想到有很多位数的银行存折，想到豪华的阳光别墅，想到豪华的汽车，想到名贵的珠宝首饰，想到名下众多不动产和实业。这当然也很正常，因为几乎大部分的人认为财富就是与金钱有关，这也是很多人为之忙碌为之奔波的目的和动力。

然而，财富在与金钱有关的同时，你是否有想过还跟精神有关。我们太关注物质财富，以至于往往忽略了精神财富。物质财富与我们生存和生活质量息息相关，所以我们首先在乎的是物质财富。不可否认，幸福是人类追求的最高目的，而金钱只是实现这个目的的一个手段。

金钱是幸福的一个必要条件，却不是充分条件。金钱可以换取物质需要满足感的提升，却不一定能使幸福感得到提升。因为幸福除了必要的物质基础外，更需要有精神的支撑，比如家庭、亲情、爱情、友情等，这些都是无价的，而且不存在金钱的等价交换。

加拿大有一个特别的乞丐，他的名字叫马里奥，40岁。两年前，他买彩票中了大奖。马里奥很开心，他觉得自己是世上最幸福的人了，他也成为了一名富人，拥有非常多的财富。他想既然是有钱人了，也就没必要工作了，后来干脆就不再需要工作，马里奥把好好的工作给辞掉了。

马里奥开始过上了富人的生活，他要从此好好享受生活。冬天的时候，他在佛罗里达过冬；夏天的时候，在凉爽的魁北克避暑。他觉得自己的妻子已经不再年轻貌美，配不上他这个富人了，于是就抛弃了曾经跟他同甘共苦的妻子。他自由自在随意挥洒金钱，惬意地消磨时间，看自己喜欢的电视节目，打曲棍球、棒球，在海滩上晒着太阳喝小酒，随时随地可以去商场肆意的购物。

马里奥以为他的生活会一直都这么幸福。但是，事实并不如此。时间越长，马里奥的内心就越来越恐惧。因为他深刻意识到，他现在身边的朋友情人都是冲着他的钱来的，而他真正的朋友却在他富有的那一天都被他拒之门外。财富总是不经花，再多的财富任意挥霍也会有没有的一天，而这一天来得很快。短短的两年时间，马里奥就把钱花光了，所谓的朋友和情人也正如他预料的——离他而去。马里奥再也没有闲钱去挥霍，也没有心思看电视，打曲棍球。马里奥一开始放不下面子去找工作，直到他身上的钱只够维持一个星期的生存时，他意识到了问题的严重性。

马里奥找工作心高气傲，完全不知道现在的工作有多难找。一个星期过后，不仅工作没有找到，连吃饭也没有着落了，也没有任何一个朋友来帮助他。马里奥内心很孤独，很无助。忍受不了饥饿，马里奥被迫在街头乞讨。马里奥悔不当初，后悔抛弃了自己的妻子、朋友，后悔这么挥霍金钱，站在加拿大的街头，马里奥留下了悔恨的泪水。

再多的金钱，总有一天会离你而去，这些财富是随时可以被挥霍掉的，而只有最珍贵的情感才会永远伴随你，才是真正的财富。在你落魄的时候，你身边还有爱人，还有朋友帮助你，这就是你永恒的财富，这比金钱的获得来得更加困难。

财富的形式有很多种，而内在的幸福感往往最容易被人们忽略。而这种财富的形式，却可能是最重要的一种形式，因为内在幸福感是很多人追求的最终目标。换种形式说，如果拥有很多的物质财富，精神财富却很匮乏，觉得很不幸福，这种日子难道不觉得痛苦吗？如果你非要过这种有钱却一点都不快乐的日子，那肯定是病态的，内心已经被欲望所吞噬，迷失了自己。

人在很多时候往往很简单，追求金钱可以理解，以金钱作为铺垫追求幸福无可厚非，但是不能迷失自己。真正富有的人不是看他拥有多少银行存款，不是看他拥有多少房产，不是看他拥有多少事业，而要看他有没有几个知心的好友，在他患难的时候，愿意真心帮助他；要看有没有一个爱他的妻子，愿意在他失败的时候，与他同甘共苦，并鼓励他站起来；要看他有没有孝顺的儿女，在忙碌一天回到家的时候，给他揉揉肩！

白岩松不仅是个出色的电视人，还是个好丈夫、好父亲。每次出差，他都要给妻子、孩子带礼物。白岩松一家三口一年四季的衣服，都是由白岩松一手操办。白岩松品位不低，眼光也不错，他为妻子和孩子买的衣服都非常得体、合身。所以白岩松的夫人跟孩子也乐意让白岩松为他们选置衣服。

作为家喻户晓的主持人，白岩松浑身散发着成熟男人的魅力，经常有倾慕他的女孩儿向他表示好感。但是，白岩松根本不给对方机会。外界诱惑太多，他尽量不出去应酬，有时间就待在家里陪伴妻子和孩子，享受天伦之乐。2005年初，曾有传闻说白岩松离婚了，白岩松和夫人看到这条假新闻后哈哈大笑，真是莫名其妙，他们不知道这个传闻从何而起。

2000年悉尼奥运会结束后，白岩松离开了《东方时空》，与其他人另外创办一个叫《子夜》的新栏目。白岩松信心百倍，以为准备3个月节目就可以出台，但由于种种原因，在长达一年多的时间里，节目一直没有播出。从一个炙手可热的主持人一下子变成了一个吃闲饭的人，白岩松感到迷茫和失落，不知道自己的未来在哪里。性情温和的他开始在家里发脾气。白岩松的夫人知道丈夫心中的痛，每当丈夫对她发无名火时，她尽量克制自己，用轻言细语安慰他，不和他顶撞。

她知道，仅靠几句话是不能抚平丈夫心中的痛的，她想让母爱的力量来温暖白岩松。她知道，白岩松是个孝子，最听母亲的话了。于是，她亲自奔赴内蒙古，把白岩松的母亲接到了北京。母亲的到来让白岩松欣喜若狂。从小到大，白岩松都是母亲的骄傲和自豪，他不想让母亲看到自己的失败，看到他的失意与颓废。于是，他努力在母亲面前打起精神。晚上，母亲常常坐在白岩松的身边，和他聊白岩松小时候的趣事，聊母子俩走过的不平凡的人生旅程。白岩松的心态渐渐释然，慢慢走出了精神困境。

做一个富有的人，不仅仅指金钱的富有，更是指内心的富有。无可厚非，白岩松就是富有的人，姑且不去谈论他有多少财富，最起码的是，他拥有一个爱他的妻子，一个活泼的孩子，一个慈祥的母亲，还有一颗强大的内心，他是一个真正幸福的人。

富有，真的很简单，简单到我们忽视了富有最本质的一点，那就是心灵。不要被物质束缚太久，太久你便会忘记最初的快乐，忘记最初的朋友，忘记身后爱你的妻子和儿女。用多一点的时间去陪伴家人和朋友，用心营造幸福，你也可以是一个非常富有的人。这个富有，与财富无关，是你精神层面的富有，也是你内心的强大！

幸福的人往往能取得更大的成就

相同的硬币都有正反两方面，我们的人生也有正反两方面：光明，开朗，幸福，这代表着正面，黑暗，抑郁，悲伤等代表着反面。如果让你选择，你会选择正面还是反面呢？我们当然会选择正面，但是，没有人会不受反面的影响。

在实际的生活当中，我们经常听到这样那样的抱怨："工作很累，挣钱却很少""工作压力大，老婆还不体谅我""领导为什么给他升职，不给我升职"等等抱怨的情绪和话语，带着这样的心理去工作，肯定不会有好的工作表现。如果你是领导，一边站着态度积极向上、工作态度热情饱满的员工，另一边站着灰心丧气、愁眉苦脸的员工，你会做出怎么样的选择呢？显然会选择前者。一种内在的满足，好的心态，才会有工作和生活的激情。

布恩是做销售的。有一次去拜访客户，很可惜，他们没有就产品达成协议。布恩很苦恼，回来就把事情告诉了经理。经理耐心地听完布恩的讲述，沉默了一会儿说："你不妨再去一次，但要调整好自己的心态，要时刻记住运用微笑，让别人觉得你是幸福的人，用你的微笑打动别人，这样对方才会觉得你有诚意！"

布恩试着去做了，他把自己表现得很幸福、很快乐、很真诚，微笑一直洋溢在他的脸上。结果对方也被布恩感染了，很愉快地签订了合同。

布恩结婚已经18年了，每天早晨都要早起上班，忙碌的生活让他顾不上心爱的太太，他也很少对妻子微笑。布恩决定试试，看看对妻子微笑会给婚姻带来什么不同。

第二天早上，布恩梳头照镜子的时候，对着镜子里的自己微笑起来，工作压力导致的愁容一扫而空。当他坐下开始吃早餐的时候，他微笑着跟太太打招呼。布恩的太太很惊愕，但也很开心。在这两周的时间里，布恩感受到的幸福比过去两年还多。

现在，布恩上班时，就对大楼门口的保安微笑，对着电梯门口的管理员微笑，对着自己的同事微笑，对着自己的客户微笑。在一段时间之后，他发现微笑给他带来了很多收入。

布恩觉得自己很幸福，起码有一个很好的妻子和一份工作。所以他真诚地去赞美他人，停止谈论自己的烦恼。他不仅把自己的幸福传染给了别人，也试着从别人的观点看事情。微笑真的改变了他的生活，他变得幸福快乐。

许多人经常对自己并不真正需要的东西产生幻想，会让自己相信，如果拥有了这些梦寐以求的东西，最终就会变得快乐起来。然而，这种快乐不是物质创造的，而是在内心养成的。没有任何事物会给你带来深层次的满足和快乐，除非你有意识地去滋养幸福。

内心觉得幸福的人，对于生活，工作和情感都充满了感恩的心和热情，总是精神饱满的去做自己的事情，关爱身边的亲人、朋友、甚至陌生人，他受到的赞誉也就多，就自然变得更高兴，如此良性循环，在不知不觉中，取得的成就也就多了！

有的时候，我们不要对于物质和名声关注太多，投入太多，这样会迷失真实的自己。物质和名声除了带来生活上的享受和别人的仰慕的眼光外，收获不了内心的幸福。而内心的幸福，才是我们孜孜不倦在追寻的目标。

富裕的物质跟空虚孤独的内心相比，你更愿意过哪种生活呢？有的时候，幸福的定义很难，成功的定义更难。如果你要追求的是钱，那么比你有钱的人可能很多，如果你要追求的是名声，那么，比你有名声的也可能很多。如果这样，难道你就是个失败的人？我们不妨换个角度看，如果内心幸福，怎么样都会觉得自己很富裕和成功。而只要你是一个真正幸福的人，那么你就很容易比别人取得更大的成就，这就是幸福的魅力。

有位妇人走到屋外，看见前院坐着 3 位有着长胡须的老人。她并不认识他们，于是说："我想我并不认识你们，不过你们应该饿了，请进来吃点东西吧。"

"家里的男主人在吗？"老人们问。

"不在，"妇人说，"他出去了。"

"那我们不能进去。"老人们回答说。

傍晚，当她的丈夫回家后，妇人告诉丈夫事情的经过。"去告诉他们我在家里了，并邀请他们赶快进来吧！"

妇人走出去邀请 3 位老人进屋内。

"我们不可以一起进入一个房屋内。"老人们回答说。

"为什么呢？"妇人想要了解。

其中一位老人指着他的一位朋友解释说："他的名字叫财富。"然后又指着另外一个老人说："他是成功，我是爱。"接着又补充说："你现在进去跟你丈夫讨论看看，要我们其中的哪一位到你们的家里。"

妇人进去告诉自己的丈夫刚刚的谈话内容。她丈夫非常高兴地说："原来这样啊，赶紧让财富进来！"

妇人不同意，说："亲爱的，我们何不邀请成功进来呢？"

她丈夫想了想说："我们还是邀请爱进来吧，或许这样会更好点。"

妇人到屋外跟三位老人说："我们想要的是爱！"

爱起身朝屋子里走去，另外两个老人也跟着他一起进去。

妇人惊讶地望着财富和成功，问："我只邀请爱，怎么你们也一起来了呢？"

老者齐声回答："如果你邀请的是财富或成功，那么另外二人都不会跟进，而你邀请爱的话，那么无论爱走到哪儿，我们都会跟随。哪儿有爱，哪儿就有财富和成功！"

有爱才会有财富和成功，的确如此！有爱，生活才会幸福，内心才会幸福，带着感恩的心看待这个世界。永远不要问自己是追求财富或成功，还是追求内在的幸福，因为这并不矛盾，是可以并存的。内在幸福的人，有一个广阔的胸襟，更容易受到财富和成功的青睐，因而获得的成就也就更高。

内心拥有真正的幸福感，并将这种幸福感传染给其他人，不去计较太多的物质和名利，不为得失而大喜大悲。用幸福的心态去看待人生，那么你也会收获一个不一样的人生！

第三章　幸福＝积极的快乐＋
有意义的生活

至关重要的幸福感

如果要问世上最美的词汇是什么，最温暖的词汇是什么，幸福一词应该是当之无愧的。幸福，很多人苦苦为之追寻，却一直追寻不得，到底幸福是什么呢？幸福怎么获得呢？

"从明天起，做个幸福的人，喂马，劈柴，周游世界，从明天起，关心粮食和蔬菜，我有一所房子，面朝大海，春暖花开。"这是海子的幸福；"幸福就是没有痛苦的时刻。它出现的频率并不像我们想象的那样少。人们常常只是在幸福的金马车已经驶过去很远，捡起地上的金鬃毛说，原来我见过它。"这是毕淑敏的幸福。那么，你的幸福是什么呢？

关于幸福，问一千个人，就会有一千个答案。但是万变不离其宗的是，幸福是内心的一种感受。但是，关于幸福，有多少人能够大声说出自己很幸福呢？随着生活水平的提高，我们的幸福点数却在不断下降，让我们不得不思考，在我们内心深处渴望和为之努力的幸福是什么，怎么让我们的幸福点数提升，做一个温暖的人呢？

一位著名的作家见到了托尔斯泰，对他说："先生，您真幸福，您所喜爱的东西，您都拥有了。"托尔斯泰平和地对他说："不，先生，并不是我所喜爱的东西我都拥有了，而是我拥有的东西我都喜爱。"

"我拥有的东西我都喜爱"，这不正是感悟珍惜拥有的幸福的一种方式吗？有时，我们说自己很倒霉，从来没有感受到过幸福，其实并不是幸福有意远离我们，而是我们忽视了它的存在，让它失落地躲在阴影里，逃离我们的心情。有人说，人是为了欲望而不停奔走的动物，拥有了一颗星，却还想要一片天；拥有了一滴水，却还想要一片海。而面对拥有的那颗星，那滴水，我们觉得实在难以满足需要。为了心中的海市蜃楼而忽视了自己可以抓握的幸福，幸，还是不幸？古人说："花开堪折直须折，莫待无花空折枝。"忽视了自己眼前拥有的东西，当花谢残红，你只能看到飞红万点惆怅悲伤，任泪眼问花，得到的只是枝头一片空寂的沉默。珍惜拥有的幸福，才不会让自己觉得失落，不会觉得生活的原野一片荒芜。每个人都犹如一个钓翁，划一叶生活的扁舟，在岁月的河流中漂荡，总会捕捉到属于自己的点点滴滴，那就是属于你的幸福。

有的时候，人们越想追寻自己得不到的东西，就越觉得那是自己的幸福，然而往往忽视了自己身边最平凡、最温暖的小幸福，殊不知你所拥有的小幸福正是别人所羡慕渴求的幸福。

有人说过："真正的幸福是不能描写的，它只能体会，体会越深就越难以描写，因为真正的幸福不是一些事实的汇集，而是一种状态的持续。"幸福不是给别人看的，与别人怎样说无关，重要的是自己心中充满快乐的阳光。也就是说，幸福掌握在自己手中，而不是在别人眼中。幸福是一种感觉，这种感觉应该是愉快的，使人心情舒畅，甜蜜快乐的。

无论是在工作还是生活中，幸福感至关重要。没有幸福感，那么人生就会变得很灰暗，缺乏色彩，缺乏生活的激情。每天带着幸福的心情去生活，会发现生活是如此的美好，做什么事情都会觉得顺心多了。

有一个人，他生前善良且热心助人，所以在他死后，升上天堂，做了天使。他当了天使后，仍时常到凡间帮助人，希望感受到幸福的味道。

一日，他遇见一个农夫。农夫的样子非常烦恼，哭着向他诉说："我家的水牛刚死了，没它帮忙犁田，那我怎能下田作业呢？"

于是他赐农夫一只健壮的水牛。农夫很高兴。他在农夫身上感受到幸福的味道。

又一日，他遇见一个男人，男人非常沮丧，男人向他诉说："天使，我的钱被骗光了，没盘缠回乡。"

于是他给那个男人银两做路费。男人很高兴。他在男人身上感受到幸福的味道。

又一日，他遇见一个诗人，诗人年青、英俊、有才华且富有，妻子貌美而温柔，但诗人却过得不快活。

他问诗人："你不快乐吗？我能帮你吗？"

诗人对他说："我什么都有，只欠一样东西，你能够给我吗？"

他回答说："可以。你要什么我也可以给你。"

诗人直直地望着他："我要的是幸福。"

这下子难倒他了。后来，他想了想，说："我明白了。"

然后把诗人所拥有的都拿走。

他拿走诗人的才华，毁去他的容貌，夺去他的财产和他妻子的性命。

做完这些事后，他便离去了。

一个月后，他再回到诗人的身边，

诗人那时饿得半死，衣衫褴褛地躺在地上挣扎。

于是，他又把诗人的一切还给诗人。

之后，又离去了。

半个月后，他再去看看诗人。

这次，诗人搂着妻子，不住向他道谢。

因为，诗人得到幸福了。

不要一直往前眺望追寻不到的幸福。有的时候，停下脚步去看看身边的美景，身边也值得你留恋的景色。

生命包含痛苦，没有谁能逃脱。作为平凡的人我们都面临着这个事实。我们迟早会变得衰弱，会生老病死；迟早会因为拒绝、分离或死亡而失去重要的东西；迟早会遭遇危险、失望和失败。如果你静下心来盘点一下自己拥有的一切，你就会发现，自己也正拥有着实实在在的幸福，这些幸福正在散发着丝丝缕缕的馨香。如果你拥有原本就属于自己的幸福，就不应该漠视，不应该虚掷，而应该努力呵护、擦拭、珍惜。

珍惜拥有的幸福，心中就会多一份充实从容，少一份虚荣浮躁，也能感觉到生活原本就不是对我们阴沉着脸，也曾馈赠给了我们大把大把的阳光，还有跳跃在阳光之上的灿烂的幸福。

生命是渺小的，但如果正在拥有的一刻被放大了，那生命就有了一种永恒和美丽。珍惜拥有是生命的放大镜，是记录生命幸福的照相机。

尽管我们不能避免生活中的痛苦，但可以学会更好地处理它们——为它们留个空间，站起来，创造有价值的人生。在我们的内心，给幸福留足空间。幸福感至关重要，起码，在我们经受磨难的时候，我们会微笑着走过磨难，珍惜现在的拥有。正如托尔斯泰所说的，把握当下拥有的，这才是一个真正幸福的人的选择。

感情扮演着幸福的关键角色

行走在世间的人，没有谁能抵挡得过金钱的诱惑。年少时或许会经历几段纯真幸福的爱情，但是随着年龄的增加，在社会的熏陶下，多少人的还能保持最初的纯真。

　　将爱情与金钱联系在一起在现代已经非常普遍，年轻男女相亲必然会问到对方年龄、身高、收入、职业。男性则需要有"婚房"。

　　在婚姻的关系里，感情扮演着比金钱和美貌更重要的角色，却往往被现代人忽视了。

　　石头问：我究竟该找个我爱的人做我的妻子呢？还是该找个爱我的人做我的妻子呢？佛笑了笑：这个问题的答案其实就在你自己的心底。这些年来，能让你爱得死去活来，能让你感觉得到生活充实，能让你挺起胸不断往前走，是你爱的人呢？还是爱你的人呢？

　　石头也笑了：可是朋友们都劝我找个爱我的女孩做我的妻子？

　　佛说：真要是那样的话，你的一生就将从此注定碌碌无为！你是习惯在追逐爱情的过程中不断去完善自己的。你不再去追逐一个自己爱的人，你自我完善的脚步也就停滞下来了。

　　石头抢过了佛的话：那我要是追到了我爱的人呢？会不会就……

　　佛说：因为她是你最爱的人，让她活得幸福和快乐被你视作是一生中最大的幸福。所以，你还会为了她生活得更加幸福和快乐而不断努力。幸福和快乐是没有极限的，所以你的努力也将没有极限，绝不会停止。

　　石头说：那我活得岂不是很辛苦？

　　佛说：这么多年了，你觉得自己辛苦吗？石头摇了摇头，又笑了。

　　石头问：既然这样，那么是不是要善待一下爱我的人呢？

　　佛摇了摇头，说：你需要你爱的人善待你吗？

　　石头苦笑了一下：我想我不需要。

　　佛说：说说你的原因？

　　石头说：我对爱情的要求较为苛刻，那就是我不需要这里面夹杂着同情，夹杂着怜悯。我要求她是发自内心地爱我的。同情怜悯宽容和忍让虽然也是一种爱，尽管也会给人带来某种意义上的幸福，但它却是我深恶痛绝的。如果她对我的爱夹杂着这些，那么我宁愿她不要理睬我，又或者直接拒绝我的爱意，在我还来得及退出来的时候。因为感情是只能越陷越深的，绝望远比希望来得实在一些，因为绝望的痛是一刹那的，而希望的痛则是无限期的。

佛笑了：很好，你已经说出了答案！

石头问：在这样的一个时代，这样的一个社会里，像我这样的一个人这样辛苦地去爱一个人，是否值得呢？

佛说：你自己认为呢？

石头想了想，无言以对。

佛也沉默了一阵，终于他又开了口：路既然是自己选择的，就不能怨天尤人，你只能无怨无悔。

石头长吁了一口气，石头知道他懂了，他用坚定的目光看了佛一眼，没有再说话。

故事是别人的，答案却在自己的心里。你有故事里石头的困惑吗？你对佛说的话有自己的领悟吗？带着感情去追寻幸福，那么，就算是再艰难的路，也不觉得辛苦。每个人都会为值得的人去付出，这种付出是不计较回报的，这就是世间最珍贵的情感。

社会很现实，把金钱看得太重会迷失最真的情感。而情感，往往扮演着幸福的角色。有了情感，再多的苦难也不是苦难，有了情感，一点点小事也能温暖你，让你在很多年后也不会忘怀。

情感很纯粹，幸福离你很近，只要用心，就会发现身边有很多美好的事，美好的人。可以喜欢一个人，可以惦记一个人，可以关心一个人，可以帮助一个人，可以想念一个人，情感有很多种，但是唯一不变的是，有了情感你会体会到幸福的感受，这是用金钱买不到的珍贵的东西，情感在我们追求幸福的过程中起着至关重要的作用。

一个单亲爸爸，独自抚养一个小男孩。有一天要赶着去见客户，没时间陪孩子吃早餐，他便匆匆离开了家门。晚上回到家时孩子已经熟睡了，工作上的疲惫让他全身无力。正准备就寝时，突然大吃一惊：棉被下面，竟然有一碗打翻了的泡面……

盛怒之下，他朝熟睡中的儿子的屁股一阵狠打。

为什么这么不乖，惹爸爸生气？你这样调皮，把棉被弄脏……这是妻子过世之后，他第一次体罚孩子。

我没有……孩子抽抽咽咽地辩解着，我没有调皮，这……这是给爸爸吃的晚餐。

原来孩子为了配合爸爸回家的时间，特地泡了两碗泡面，一碗自己吃，另一碗给爸爸。可是因为怕爸爸那碗面凉，所以放进了棉被底下保温。

爸爸听了，不发一语地紧紧抱住孩子……

原来幸福就在一碗打翻的泡面里啊！原来孩子是在惦记着自己啊！

被人惦记的感觉，你有体会到吗？你是否整天忙忙碌碌忽略了身边的爱人？你是否很久没有陪孩子做功课玩游戏？你是否很久没有跟父母打电话问问他们好不好？你是否很久没有叫朋友到家里来小聚一下？

如果你很久没有做这些事情，那么不妨从现在开始一件件做吧，抱抱你的爱人，陪伴你的孩子，关心一下父母，跟朋友多沟通，你会发现，你身边的人幸福，你自己也很幸福。这就是情感的魔力，金钱买不到的东西！

幸福不是整天忙忙碌碌为事业、为金钱奔波，幸福是你的身边有很多爱你的人，让你觉得很温暖，让你觉得用再多的金钱也不肯换。所以，择偶不要看对方有没有钱和房子，要看对你有没有感情，那关系到你一生的幸福！

幸福，是快乐与意义的结合

　　幸福当然是件乐事，但幸福不等于快乐。幸福是人们目的的实现，不幸是人们的目的未能实现。而快乐则是对幸福的感觉，是人们实现了目的所感到的满足；痛苦则是对不幸的感觉，是人们没能实现目的所感到的不满足。因此，幸福与欢乐不同，幸福是行为。

　　每个人的行为是不同的，认同的观点也是不同的。有的人在金钱上得到了满足，他感觉就是幸福；有的人找到了一个自己喜欢的爱人，他感觉就是幸福；有的人觉得自己有份好的工作，他感觉就是幸福。幸福有很多种。但是，幸福离不开快乐，更离不开意义，不然就是傻乐呵了！

　　在小的时候，老师就教导我们要做快乐的人，做有意义的事情，可是到目前为止，许多人并不知道怎么做快乐的人，做有意义的事情。幸福呢？就是快乐与意义的结合，也许有人困惑。但其实，这种幸福不难获得。

　　有个超级业务员最近搬了新家，发现隔壁住了一个嬉皮士。业务员默默地观察这个邻居，一直对他的生活方式很不以为然。

　　早上，业务员提着公事包要出门工作，看到嬉皮士大门深锁，根本还没起床。他心里就嘀咕："他的生活真没意义！"

　　中午，业务员返家稍微梳洗休息，只见嬉皮士悠闲地在门口要么晒太阳，要么弹吉他。他心里又想："他的生活真没意义！"

　　晚上，业务员拖着疲惫的身体回家，发现嬉皮士家挤满了朋友，显然一群人正在喝酒聊天。他还是这么想："他的生活真没意义！"

就这么过了好几个月，超级业务员与嬉皮士两人一直没有交谈，碰面顶多点个头招呼一下。

一个平常的早晨，业务员照例准备出门"冲锋陷阵"。突然他的嬉皮士邻居开门走了出来，对他说了声"早安！"

"早！"业务员回礼。

"我看你每天工作都很忙啊！"嬉皮士说。

"是啊。"

"你的事业应该很有成就吧？"

"还算不错！"业务员心中有些得意。

"也赚了很多钱吗？"

"还过得去……"业务员开心得不得了，心想嬉皮士这下子应该发现他们彼此的生活有多大的差异了！

"可是……"不料，嬉皮士吐出一句让他意想不到的话："你不觉得这样的生活，很没意义吗？"

幸福的生活有很多种。也许一件平凡而普通的事情，对于旁观者来说没有意义，但是对于事件本身的人却影响深刻，意义非凡。也就是说，事件的参与和体会不同，幸福的感觉也是不同的。

西方有一句名言：吃和睡是猪的生活。难道加上玩和乐，就是人的生活？物质幸福实际是人和动物都有的，只有精神幸福才为人所独有。所以物质幸福是低级的基本的幸福，而精神幸福则是高级的、上乘的幸福。

所谓精神上的幸福，就是超越于物质，不为金钱所束缚，做自己想做的事情，做快乐的，有意义的事情，在别人幸福的同时，自己也有浓浓的幸福感。

张老板去合作的单位找他们的财务谈业务。在洽谈的时候，他们斗智斗勇，展开了拉锯战。

这时，门口进来一个人，三四十岁模样，也许是干活劳累的缘故，他的脸上灰扑扑的，衣服破而旧，已经看不出本来颜色。

进来后，男人迅速逡巡了一下房间，目光怯生生的，见到外人在注视他，目光落荒而逃，拘谨的手不知道往哪儿放，拉着衣角，似乎站都不知道如何站了，低着头，像个做错事的孩子。

张老板不忍心看他那样子，扭头看窗外，想起哪本书上关于民工生活的描写，感慨万千。

再回头时他们的交谈已经暂告一段落，那民工怯生生地向前，说："主任，我借钱。"

外地口音，说这话时，那民工的额上竟然渗出了细细的汗珠，应该是紧张吧。

主任头也不回，没好声气地说："借什么钱？没见我正忙着吗？过几天吧？"

那人急了，嗫嚅着："我借了别人的钱，人家向我讨要了！我……我老婆孩子……今天来……"

主任打断他的话，不耐烦地说："明天吧！"

那人不知道怎么办了，手足无措，汗珠更明显了。他用手去擦额头的汗，脸上画了一道黑。

张老板看不下去了，说："你先借给他吧。我不急。"

主任满脸不高兴，又询问了一番，让那人签名，那人用颤抖的手歪歪斜斜地签了名，又写上：200 元。

拿了钱，他用感激的目光怯生生地望了张老板一眼，走了，脚步轻快了许多。

出来时已是晚饭时分，夕阳西下，天边的彩霞格外鲜艳。张老板跟财务去饭店吃晚饭，刚进门，就遇到了借钱的男人。他坐在角落里，还有一个妇人，一个五六岁的小男孩。桌上放着两盘菜，他们正有说有笑地吃着饭。

那男的还是那破旧的衣服，脸上神情鲜活了许多，正侃侃而谈，完全没有了刚才的怯懦。那妇人不时望着丈夫，目光中满是怜爱，脸上写着安详与满足。

两夫妻不时往儿子碗里夹肉，儿子夹了往妈妈碗里送，妇人舍不得吃，又夹到丈夫碗里。

一会儿，他们吃完了，付了钱，那男的一把把儿子举过头顶，让他坐在自己脖子上，嘴里嚷嚷：走喽，逛街去了！完全不理会旁人诧异的目光。

妇人温顺地走在一边，一家人走出饭店，走进夕阳的余晖里。

张老板不禁感叹说："幸福是什么？200元钱，一个温暖的家，一个体贴的妻子，一个懂事的孩子，再加上一顿温馨的晚餐。原来幸福就这么简单！"

幸福很简单，很多人拥有，但他们却只盯着遥远的不切实际的东西，忽略了身边最简单的幸福。有意义的事情不是意味着做什么大到有利于国家社稷的事情，一个小小的对身边人有影响的事情，都可以算是有意义的事情，都可以是幸福的事情。

如果一个人只是为了自己而工作，也许他能够在事业上很出色，但是绝对不会受下属的尊敬；如果一个人只是为了自己而劳动，他也许能成为有名的学者，但他绝不可能成为情操高尚的人。

将快乐的事情、有意义的事情带给很多人，那么就会收获很多倍的快乐和意义，这才是真的幸福。那时我们感到的将不是一点点自私而可怜的欢乐，而是属于很多人的幸福。

快乐，满足生活的先决条件

谁都想过满足的生活，这种生活状态是大家所一直追求的。可是，有多少人能够说，对自己的现状很满足，自己很快乐呢？我们往往听到很多人在抱怨工作辛苦，赚钱太少，爱人不够体贴之类的话，难道我们的生活就真的这么不快乐吗？

你知道什么样的人最快乐吗？也许有人说是百万富翁，有大把大把的钱，肯定快乐；也许有人说是那些明星政客，有大把大把的支持者和粉丝，肯定快乐；有人说是完成作品的艺术家，欣赏自己完美作品，肯定快乐。但是最快乐的或许不是他们，或许是在沙滩上玩堆城堡的孩童，或许是正在为婴儿洗澡的母亲，更或者是看到果树结果的农夫。往往，那些快乐的人，就是我们身边最普通的人。

快乐不要求一直保持高昂的情绪，快乐是要有知足的心态，积极地面对生活，起码，脸上有着微笑！

一位教师讲了她的一次经历给她带来的感悟。她说那时她上高一，学校组织了一次春游，大家去登山。当时她家里生活很困难，她的鞋子已经坏了，露出了前面的脚趾。一路上，她看到同学们的新旅游鞋，觉得很自卑。正是春暖花开的季节，别人都说笑不停，只有她因为没有新旅游鞋闷闷不乐。

带着这样郁闷的情绪，此时再美的风景也进入不了她的眼中。她开始抱怨自己怎么出生在一个这么贫穷的家庭，连双运动鞋也买不起。越想越难过，越想越委屈，她甚至开始偷偷抹起了眼泪。

来到山下时，她就没有心思爬山了，看着大家快乐地往山顶攀登，她一个人坐在山下流泪。

后来，她看见了一位失去了双腿的人拄着双拐从她身边经过，向山顶攀登，当那个失去双腿的人渐渐登上山顶时，她突然觉得自己很惭愧，一个失去了双腿的人尚且这样坚强，而自己有一双健全的双脚，却因为没有一双新鞋而伤心。

想到此，她站起来，开始向着山顶攀登，一直登上最高峰。从那以后，她懂得了知足，也得到了快乐。

简单的小故事，却道出了一个不简单的道理，那就是快乐是满足生活的先决条件。这句话的意思并不意味着快乐的人就不会有悲伤，只是快乐的人懂得如何去度过悲伤又不被悲伤所伤害。

快乐是常态，悲伤只是小插曲。要想获得真正的幸福，我们必须明白无论我们遇到怎样的悲伤、考验还是波折，我们都应该为活着本身而感到由衷的快乐。

快乐纯粹是内在的，它不是由于客体，而是由于观念、思想和态度而产生的。正如萧伯纳所讽刺的那样，如果我们觉得不幸，可能会永远不幸。反之亦然，快乐不需要先决条件。而快乐则是满足生活的先决条件。不快乐，生活还会满足吗？答案是否定的！苦苦追寻的满足生活，首先就是要自己快乐起来，你会发现这个世界很美，生活也很美，那就是满足的生活状态！

你会把自己的财富拿出来跟别人分享吗？你会分享别人宝贵的东西吗？你会因为别人的喜悦而喜悦吗？看似简单，其实要做到很难。

当看见同学考了一百分，你高兴得合不拢嘴；看到邻居中了一百万元的彩票，你高兴得手舞足蹈；看见同事评上教授了，你兴高采烈，比他本人还高兴等等。这样的心态很少人会拥有，可是拥有的人却是很快乐！

一位弱冠少年去拜访一位年长智者。

他问："有什么秘诀让我成为一个自己快乐、也能让别人快乐的人呢？"

智者笑着望着他说："孩子，在你这个年龄有这样的愿望，真是很难得。很多比你年长许多的人，从他们问的问题本身就可以看出，不管给他们多少解释，都不可能让他们明白真正重要的道理。"

少年虔诚地听着，脸上没有流露出丝毫得意之色。

智者接着说："这样吧，我送给你四句话。第一句话是，把自己当成别人。你能说说这句话的含义吗？"

少年回答说："是不是说，在我感到痛苦忧伤的时候，把自己当成别人，这样痛苦就自然减轻了；当我欣喜若狂之时，把自己当成别人，那些狂喜也会变得平和一些?"

智者微微点头，接着说："第二句话，把别人当成自己。"

少年沉思一会儿，说："站在别人的位置想一想，这样就可以真正同情别人的不幸，理解别人的需求，并且在别人需要的时候给予恰当的帮助?"

智者两眼发光，继续说道："第三句话，把别人当成别人。"

少年说："这句话的意思是不是说，要充分地尊重每个人的独立性，在任何情形下都不可侵犯他人的核心领地?"

智者哈哈大笑："很好，很好。孺子可教也！第四句话是，把自己当成自己。这句话理解起来太难了，留着你以后慢慢品味吧。"

少年说："这句话的含义，我一时是体会不出。但这四句话之间似有许多自相矛盾的地方，我用什么才能把它们统一起来呢?"

"很简单，用你一生的时间和精力。"智者轻声道。

少年沉默了很久，然后叩首告别。

随着时光的脚步，少年变成了青年人，又变成了老人。再后来在他离开这个世界很久以后，人们都还时时提到他的名字。人们都说他是一位智者，因为他是一个快乐的人，而且也给每一个见到过他的人带来了快乐。

独享快乐是自私的，分享别人的快乐，会让别人对我们产生很大的好感，也会让别人更加快乐。我们每天这么快乐，肯定会人见人爱；没有了嫉妒心的折磨，心灵轻松了，快乐和善念足以让人身心顺畅，越活越年轻。

我们每个人获得快乐的方法都不同。我们的激情、期望、生活经历，甚至性格都会影响我们的快乐程度。有些人在工作中找到快乐，有些人在婚姻或亲密的关系中找到自己的快乐。无论快乐获得途径是怎样的，都让我们有了一个良好的心态，去积极面对生活。不被金钱束缚灵魂，不被欲望吞噬心灵，做纯粹的自己，过满足的生活。如果我们会快乐的生活，那么生活也会回报我们同样的快乐，甚至是更多的快乐！

积极的情绪体验是幸福的必要非充分条件

在哈佛大学的幸福课中，其中有一课题是积极的情绪体验是幸福的必要非充分条件。幸福是很多人苦苦追寻，又追寻不到的，所以，在哈佛大学公开课中，关于幸福的课程一直是很多人关注的。

为什么太多的人说自己不幸福，怎么才能获得幸福？幸福感是衡量人生的唯一标准，是所有目标的最终目标。一个幸福的人，往往在生活各个层面上都会很成功，包括婚姻、友谊、收入、事业以及健康等。幸福与成功，存在强烈的相互作用，无论工作上还是感情上的成功，都可以带来幸福；而幸福本身，也能带来更多的成功。

谁都想收获成功，收获幸福，可是成功和幸福不是每个人都能拥有的。为什么别人能够拥有，自己总觉得不够幸福呢？因为你的眼里看到的只是别人的拥有，没有看到别人的失去，和自己的拥有。幸福需要积极的情绪，积极面对生活，放大快乐，缩小烦恼，幸福也就不再是难事了。

蒂姆小时候是个无忧无虑的孩子。但自打上小学那天起，他忙碌奔波的人生就开始了。父母和老师总告诫他，上学的目的，就是取得好成绩，这样长大后，才能找到好工作。没人告诉他，学校，是个可以获得快乐的地方，学习，是件可以令人开心的事。因为害怕考试考不好，担心作文写错字，蒂姆背负着焦虑和压力。他天天盼望的就是下课和放学。他的精神寄托就是每年的假期。

渐渐地，蒂姆接受了大人的价值观。虽然他不喜欢学校，但还是努力学习。成绩好时，父母和老师都夸他，同学们也羡慕他。收到大学录取通知书时，蒂姆激动得落泪。他长长舒了一口气：现在，可以开心地生活了。但没过几天，那熟悉的焦虑又卷土重来。他担心在和大学同学的竞争中，自己不能取胜。如果不能打败他们，自己将来就找不到好工作。

大学 4 年，蒂姆依旧奔忙着，极力为自己的履历表增光添彩。他成立学生社团、做义工，参加多种运动项目，小心翼翼地选修课程。但这一切完全不是出于兴趣，而是这些科目，可以保证他获得好成绩。

大四那年，蒂姆被一家著名的公司录用了。他又一次兴奋地告诉自己，这回终于可以享受生活了。可他很快就感觉到，这份每周需要工作 84 小时的高薪工作，充满压力。他又说服自己：没关系，这样干，今后的职位才会更稳固，才能更快地升职。当然，他也有开心的时刻，在加薪、拿到奖金或升职时。但这些满足感，很快就消褪了。

经过多年的打拼，蒂姆成了公司合伙人。他曾多么渴望这一天。可是，当这一天真的到来时，他却没觉得多快乐。蒂姆拥有了豪宅、名牌跑车。他的存款一辈子都用不完。

他被身边的人认定为成功的典型。朋友拿他当偶像，来教育自己的小孩。可是蒂姆呢，由于无法在盲目的追求中找到幸福，他干脆把注意力集中在了眼下，用酗酒、吸毒来麻醉自己。他尽可能延长假期，在阳光下的海滩一待就是几个钟头，享受着毫无目的的人生，再也不去担心明天的事。起初，他快活极了，但很快，他又感到了厌倦。

人生的路很长，不能保证每天都有幸福感，我们不可避免失败和失去，不可避免悲伤和抑郁，但是积极的情绪不会让我们在消极的情绪中不可自拔。人的一生，就像一趟旅行，沿途中既有数不尽的坎坷泥泞，也有看不完的风景。我们既能学会坦然地面对忧愁、绝望、不幸、黑暗，又会坦然地享受幸福、快乐、希望、阳光。

积极的情绪有很多种，不要被工作的琐事缠身，关心身边的人，真正的朋友就是你的财富。学会失败，成功没有捷径，史上有作为的人，哪个不是经历了失败才有成功的。学会慷慨，你可以没有很多钱，但是你不能没有慷慨的心，有时候当我们帮助别人时，也在帮助自己。帮助自己，往往也可以间接地帮助他人。用积极的情绪看待人或事，往往会比用消极的情绪来得更加美好。

多克是一个信差，他始终坚信自己的使命就是向人们传递快乐。因此，他的口袋里总是装着许多小纸条，上面写着一些鼓励的话。当他将信件和电报送到人们手里的时候，也留下一张小纸条，告诉他们"今天是美好的一天""要笑口常开""别再烦恼"……

第二次世界大战期间，多克因为年龄太大而没有入伍，但他自告奋勇，到野战医院做了一名志愿者，协助医生救死扶伤。

有一天，他突发奇想，在医院的墙上写了一句话："没有人会死在这里。"他的行为引起了大家的注意，医院的人说他疯了，也有人认为这句话无伤大雅，不必擦掉。那句话一直留在那面墙上。

后来，不但伤员，就连医生、护士包括院长都渐渐地记住了这句话。伤病员们为了不让这句话落空而坚定地活着，医生和护士为了这句话，尽力地给予病人最精心的医治和护理。这个医院变成了一家死亡率最低的医院。

有时候，创造奇迹的不是巨人，也许只是一句傻傻的话语。

如果当初，人们将医院里的那句话轻易地擦掉了，那么它不会成为这个医院的院训，这家医院也不会用这么高的标准来要求自己的工作，这家医院也不可能成为死亡率最低的医院。

这样的事情也发生在拿破仑身上。当年拿破仑不得不与数倍于自己的强敌决战。战前的总动员会上，拿破仑对即将投入战斗的战士们说："我的兄弟们，我请你们记住：我们法兰西的战士，是永远都不可战胜的英雄！当你冲向敌人的时候，我希望你们能高喊着：我是最优秀的战士，我是不可战胜的英雄！"接着他听到了全军战士排山倒海般的声音："我是最优秀的战士，我是不可战胜的英雄！"这场战斗果然以法国军队的战胜而告终。

不可否认，现实环境能够影响人的幸福观，但是只有积极的情绪才是幸福的必要非充分条件。不是每个人都能享受"乘风破浪会有时"的豪气；不是每个人都能享受"柳暗花明又一村"的喜悦。风雨中磨砺，找到生活的趣味，经过长久的忍耐和拼搏之后，我们最终将迎来的是鲜花和掌声，当然还有人们的饱含敬意的目光。

学会用积极的情绪欣赏这个世界，享受风雨，享受阳光，冷静地看待人生，一时的挫折并不意味着整个人生都是苦苦挣扎。只要我们能够保持一种乐观的心态，生活的美好就一定会在前方展现。学会用积极的情绪观察世界，享受生活，那么幸福也就在离我们很近的地方向我们招手。

想象是幸福"隐形的翅膀"

幸福的元素有很多种：财富、事业、地位、名声、爱人、家人、朋友等等，可是你可知道吗，想象也是幸福的重要元素呢。

每个人都有梦想。还记得小时候，老师会问理想是什么，那时的回答各种各样，有的会说自己长大想当医生，有的会说长大想当老师，有的会说自己想当科学家，有的会说自己想当作家等等。年少多好，可以肆无忌惮的说出自己的梦想，尽管很多梦想可能不会实现，但孩童时说出的那些梦想，总给人很多快乐的希冀和努力的方向。

梦想不止是梦想，梦想也会带来幸福感，越来越多的人肯定梦想的价值。当人们对生活充满积极的幻想时，就会萌生出无穷的力量，激发人们创造的灵感，让人们不断创造发明，发现新的事物定理。如果没有想象力，我们人类将不会有任何发展和进步。

爱因斯坦之所以能发现相对论，就是因为他保持了童真的想象力，对生活充满了热情；牛顿能够从掉落的苹果，而想象到万有引力这一科学的重大发现，就是因为有了想象力。

一家建筑公司的经理忽然收到一份购买两只小白鼠的账单，不由好生奇怪。原来这两只老鼠是他的一个部下买的。他很纳闷为什么他的部下会买小白鼠寄到公司，还要作为公费报销，内心有点恼怒。他尽量平息怒火，把那部下叫来，问他为什么要买两只小白鼠？

他的部下答道，"上星期我们公司去修的那所房子，要安装新电线。我们要把电线穿过一根 10 米长、但直径只有 2.5 厘米的管道，而且管道是砌在砖石里，并且弯了 4 个弯。我们当中谁也想不出怎么让电线穿过去，最后我想了一个方法，就是去商店买来两只小白鼠，一公一母。"

"然后我把一根线绑在公鼠身上并把它放到管子的一端。另一名工作人员则把那只母鼠放到管子的另一端，逗它吱吱叫。公鼠听到母鼠的叫声，便沿着管子跑去救它。公鼠沿着管子跑，身后的那根线也被拖着跑。我把电线拴在线上，小公鼠就拉着线和电线跑过了整个管道。"

建筑公司的经理听完这位部下的话，对这个年轻人很是赞赏，在全公司员工面前表扬了他的部下。在不久以后，这个年轻人又因为工作出色又有干劲，被提拔升职了。

　　我们不得不佩服这个部下，他的超级想象力解决了布线中的大难题。很多时候，成就的创造离不开想象力，想象力比知识更重要，因为知识是有限的，而想象力概括世界上的一切，推动着进步，并且是知识进化的源泉。这并不否认知识的重要性的，因为，没有知识的想象力是空洞的，没有色彩的。

　　扎根在知识经验上的想象，才能闪耀思想的火花。生活经验会教会我们很多，比书本来得更直接更深刻，这也影响到想象的深度和广度。应当广泛地接触、观察、体验生活，并有意地在生活中捕捉形象，积累印象，为培养想象力创造良好的条件，这样你就会最终拥有幸福美满的人生。

　　我们都知道，中国对孩子的教育方式是比较严格的，孩子的学习压力很大，不亚于成人的工作压力，而国外的教育方式是非常宽松的。所以很多中国孩子虽然学识很丰富，但知识都是书本上的，跟外国孩子相比，没有外国孩子的活泼好动，缺乏一定的想象力和创造力。

　　有多少人在孩童时期有着天马行空的想象力，却在长大后变得守旧而古板。不要为孩童的稚嫩语言感到好笑，因为你未必比孩童幸福。起码他们还有梦想。而你呢，曾经的梦想还留下多少，你还在为你的梦想努力吗，你是否已经被现实征服了呢？很多成功而幸福的人，都是一个充满想象力的人。

　　约翰·高德小时候便敢于访问"假使"的神奇王国。在他15岁时，他就列了一张清单，上面列出他一生想要做的事，有127个他希望达成的目标，其中包括探险尼罗河，研究苏丹的原始部落，5分钟跑完1英里，在海中潜水，用钢琴弹《月光曲》，读完大英百科全书和环游世界一周……

　　如今他已是中年人了，是目前世界上最著名的探险家之一。他已完成127个目标中的105个，也完成了许多其他令人兴奋的事。

　　他还想访问全球141个国家，目前他已去过113个国家；

活到 21 世纪 20 年代，那时他会是 95 岁，他的目标是到月球去访问。还有许多其他令人兴奋的冒险。

无独有偶，不仅约翰·高德创造了奇迹，吉米·马歇尔也创造了橄榄球界的奇迹。

吉米·马歇尔被视为职业橄榄球界中最难击败的人。在运动界，30 岁已被视为"老年人"了，但他担任后卫到 42 岁，从他打球开始，在 282 场比赛中，没有一次失败过。佛朗·塔肯顿说，吉米是"在任何运动中，我所认识的最有意思的运动员。"吉米也经历过很多灾难：有一次他碰上大风雪，他所有的同伴都死了，但他却幸存下来；他得过两次肺炎；他在擦枪时，不小心因走火而受伤；他出过几次车祸，也经受过外科手术。但是，这些都没能压垮他，他只是轻描淡写地说："上帝不要我，因为我的梦想没有完全实现。"

卡尔·威特认为："遇到不幸也感到幸福，陷入困苦时也能感到快乐的人，他在童年时一定是想象力丰富的，而真正不幸的是那些没有想象力的人。"这里所说的想象力，就是对生活有一种积极的幻想，它能够促使人们充满激情更好地生活下去。

缺乏想象力的人，对生活没有激情，也就没有创造力了。而有想象力的人则会把这份想象力当作动力，为之努力，为之奋斗。想象力不是艺术家所专有的，而是平常人所应该有的，否则生活该是多么的无趣。

在年幼的时候，想象力最为丰富，创造力也最强，可是这份想象力可能会换来家长的嘲笑和否定。如果你还记得年幼时的梦想，如果你想要过得更加幸福，那么有的时候要放弃理智，让大脑天马行空一下吧。想象是幸福"隐形的翅膀"，何不插上"隐形的翅膀"，在幸福的天空中遨游呢？

第三篇

当下的幸福：我们并非不快乐

第一章　幸福是拥有，而非期望

期待明天的快乐不如珍惜现在的快乐

清晨挤在公交里，总是能见到啃着面包看着手表的人。人来人往的大街上，总是有人步履匆匆接着电话谈着公事。天黑之时，总是看得到那些在地铁中昏睡过去的人们。这个时代充满忙碌，人们也习惯了这样的行色匆匆，或者为梦想或者为生活，只是在物质越来越富足的今天，人们开始更多地思考一个问题：快乐哪里去了？

在物欲横流的今天，有太多人把快乐变成了对明天的期待。"明天，我在三环有了房子，我会很快乐。明天，我能开着法拉利，我会很快乐。明天，我穿着 Prada，拿着 LV，我会很快乐。但是，当明天，我有了房子，我开始期待明天过后的法拉利，开始不停地期盼着这样的明天……"明天，我们真的快乐了吗？

偶尔停下来想一想，我们真的就那么想要明天的快乐吗？或者说，明天的快乐是否真的是种快乐？

还记得吗？当我们还是个孩子时，兜里揣着几块零花钱，最快乐的时光是放学时买上一根冰激凌，然后背着小书包一路晃回家。

还记得吗？那还是笑容单纯的年纪，在海边奔跑会发出一连串的笑声，在晨光中逮到几只小螃蟹就会兴奋地大喊大叫，和伙伴堆起一座城堡就觉得自己是伟大的建筑师。

　　还记得吗？那还是对爱情懵懂的岁月，最开心的事情是每周的串座位，会在心里默默地计算着和喜欢的那个人的距离。发现他上课时不经意地瞥你一眼，就会偷笑一整天。

　　那样的快乐，你还记得是什么感觉吗？那样的美好纯净，你还记得吗？长大了，我们开始期待的所谓的快乐变得现实了，变得可以衡量了，变成了冰冷而又具体的数字，快乐也格式化了，快乐也有公式了，可是，你还快乐吗？

　　在《雷雨》中，周老爷对鲁妈二十几年念念不忘，可为何却在相见之时愤怒悲伤绝望，他爱的其实是他想象中的那个人啊！因为不得相见而拥有想象空间，得以让他憧憬美化。然而，那却不是真正的鲁妈。同样，人们对于明日快乐的期待，多半来自于自己求不得后的想象，当有一天真的面对的时候，那份快乐消失了，因为失望了。

　　其实，与其期待明天的快乐，我们不如珍惜今天的快乐。快乐可以很简单，别人的一个微笑，一句鼓励，自己的一点进步，都足以让你快乐，我们要做的只是将这份快乐留住，并且好好珍惜。

　　活佛盛噶仁波切曾在他的自传《我就是这样一个活佛》中用一段文字来描写他在师父师母身边的时光。

　　每天早上，师母就在灶台上给我熬上一大茶缸的肉汤。我一睁开眼睛，就能闻到一屋子香味。一闻到浓浓的肉香，我便馋得马上起来，洗几把脸就迫不及待地围着师母转。师母总是微笑着对我说："别急，再熬一会儿就好了。"我从来都没喝过那么好喝的肉汤。肉汤是师母专为我熬的，师父喜滋滋地看着我喝着，却舍不得喝。

　　到了午后，尤其是晴天，师父就会来到洒满阳光的院子里，坐在一个大椅子上喝酒。酒被盛在一个很旧的大茶缸里，他像喝水那样自自在在地喝着酒。

　　盛噶仁波切的师父曾经对他说，你将来会是一座庙的主人，因为师父一向都有预知未来的能力，所以盛噶仁波切对师父的话深信不疑，那时年纪尚小的他对于这样美好的未来充满期待。在西藏，一个人能够是一座庙的主人，是很多信徒的梦想。然而盛噶仁波切并没有过分地期待着明天的快乐，相反，那时的他始终满足并且珍惜着他的每一天，每一天简单的快乐。

假如，盛噶仁波切把每天的时光都用来憧憬成为寺庙主人时的快乐，都用来想象别人对他尊敬的样子，他锦衣玉食的生活，那么他还会拥有这份纯净的快乐吗？还会像他自己说的那样，"那段时光真是像童话故事一样美好"吗？答案当然是不能。所以与其期待明天的快乐，不如珍惜今天的快乐。

温暖柔和的阳光把你的眼照成金黄色，道路两旁的树在风中尽情摇晃，而你，走过平日里走过的路细细去闻，却发现了阵阵花香。这样的快乐，比那个不知何时会到来的明天的快乐更加真实。所以你还要放弃你所拥有的今天的快乐吗？还要舍弃很多去追求所谓的快乐吗？

五月天，在他们刚出道的时候有多少人反对着他们，没有钱没有成本似乎没有未来，然而他们一步步走到了今天，在鸟巢开演唱会，票在一天之内被抢购一空。在小巨蛋开演唱会，曾经这对他们来说是奢望，对人们来说那是不可能实现的笑话。五月天说他们从不曾放弃他们对音乐的执着，也始终快乐着，因为有音乐有梦想。他们沉浸于制造音乐时的快乐，沉浸于有人喜爱他们音乐之时的快乐。他们从不曾憧憬未来要在哪里开怎样的演唱会，不曾想象未来要让多少人热爱他们的音乐成为他们的粉丝。他们，不曾迷恋这份对于未来美好憧憬产生的快乐，不曾期待这份不切实际的未来快乐。他们眼中，一句经典歌词的诞生是快乐，一个朗朗上口的旋律是快乐，他们珍惜这份简单而又触手可及的今天的快乐。

辛弃疾曾说："众里寻他千百度，蓦然回首，那人却在灯火阑珊处。"那么，你可曾想过，你不停追求的快乐，对于明天过分期待的快乐，其实不在你的前方，而在你的手旁。是你丢了发现它的眼光，是你太急切太狭窄地只看得到未来——而它只是淡笑着立于你的身旁，就在你触手可及的地方。

未来的快乐很美好，但是也很虚幻，然而今天的快乐很真实也很简单。还记得红极一时的网络段子吗？"快乐是什么？快乐就是，猫吃鱼，狗吃肉，奥特曼打小怪兽"。快乐是你发自内心的笑容，是你简简单单只要会珍惜就可以拥有的，那些真的需要你去费力追寻的，得到手才发现不是你要的快乐。

今天的快乐，你拥有了，珍惜了，还是推开了？明天的快乐，你还在期待憧憬着吗？如果遇到今天的快乐，笑一笑告诉自己："恩，我不会再错过了……"

想象的终点，不会距离起点太远

生活中，有许多人是活在明天，而不是今天。仿佛要等到取得驾照、完成学业，或搬离父母家等等之后，生命才真正开始。一天到晚都是"等到如此如此""等到这般这般"。但是现实往往并非如此，我们必须懂得一个道理，那就是想象的终点，不会距离起点太远。

我们幻想着明天会发生什么样的事情，必须要立足于今天你处在什么样的起点。你的所有力量都集中在今天、此时、当下这一刻。你现在最常想到，或是投入最多注意力的，将会变成你未来的生活，就好像在偿还不久之前的债一样。也就是说，你不可能今天既生气又沮丧，却指望明天会更好。所以专注在今天，现在就获得乐趣、感到满足吧，因为这是让你明天的梦想成真的唯一方法。

那么，我们如何判断自己对将来发生的事情会有什么感受呢？答案就是，我们经常会先想象如果这些事情现在发生自己会有什么感受，然后再根据现在和以后之间存在误差这个事实进行一些调整。

如果我们让一个小伙子描述他现在遇到身穿比基尼的啤酒宝贝，用甜得发腻的声音邀请他给自己按摩时会有什么感受，他的反应其实是能够观察到的，他会微笑，眼睛睁大，瞳孔缩小，两腮通红。如果我们再用差不多的问题来问另外一个小伙子，可能差别也不会大到哪去。但是你如果为他设定一个情景，可能情况就会有所不同了，如果你告诉他，他现在看到的是五十年代上海滩的美女，那么他眼前就会浮现这样气质优雅，又有历史沉淀的画面。

但如果我们是让一位再年长 50 岁的人思考这一问题的话，情况就又有所不同了。受时间因素的影响，他最初的激动和热情都消退了。因为他意识到青少年有自己的需要，而老爷爷有其他的需要，并得出正确的结论：与现在这样受丙酸睾酮控制的青年不同，垂暮之年的他可能不会因为仙女一样的少女出现在自己面前而产生那么大的反应。他最初的急切以及其后的泄气很能说明问题，因为它们说明，在被要求想象未来事件的时候，他一开始先想象这些事发生在现在，然后才推演到将来，而到那个时候，身体的衰老将不可避免地损害他的视力和性欲。

当然，在我们的大脑想象的不断虚拟的未来并不是只有美酒、香吻和美食，这些想象也经常是世俗的、乏味的、愚蠢的、令人不快的或者非常吓人的。那些希望找到帮助自己停止思考未来的方法的人通常都会担心自己的未来，而不是怀着愉悦的心情期待它。就好像你总是忍不住去晃一晃松动的牙齿一样，我们好像都莫名其妙地被迫想象将要出现的灾难和悲剧。

在赶往机场的路上，我们会想象延误登机时间并因此错过同重要客户会谈的机会；在去参加晚宴的路上，我们会想象每个人都带给女主人一瓶酒而自己却两手空空的尴尬场景；在去体检中心的时候，我们会想象医生在看完我们的 X 光片之后皱皱眉头，神情严肃地说出一些可怕的话，比如"我们来谈谈你现在有什么选择吧"。这样恐怖的想象会让我们感到非常害怕，而这也确实令人毛骨悚然，但是结果显示，你不过和正常人一样，他草草地看过你的 X 光片，然后给你一个 OK 的手势，甚至一句话也没有。这时候你就会感慨自己太爱幻想，其实想象的终点，和起点离得很近。

在想象未来事件并判断自己未来的感受时，人们会先想象这件事发生在当下，再根据这件事情实际发生的时间来修正这个想象，这时候，他们跟小伙子犯了同样的错误。比如，某研究中的研究对象被要求预言明天是早上吃肉酱意大利面感觉好还是下午吃感觉好。有些研究对象是饿着肚子预测的，而有些则不饿。当研究对象在理想的条件下进行预测的时候，他们认为下午吃意大利面比早上吃更愉快，当时饥饿与否对他们答案的影响微不足道。但是，有些研究对象是在不太理想的情况下作出预测的。准确地讲，他们是一边识别音乐音调一边作出预测的。因为想象起点的不同，也终将影响到感官的不同，你的幸福也会有所变化。

研究表明，同时进行其他任务会让人们停在离起点非常近的地方。事实是，当研究对象一边识别音调，一边作判断的时候，他们判断在早上和下午享用意大利面的感觉是一样的。而且，他们当时的饥饿感对他们的判断有着显著的影响：饥饿的人判断自己期待在第二天吃意大利面（无论什么时候吃），而不饿的人认为自己第二天不想吃意大利面（不管什么时候吃）。这种结果显示，所有的研究对象都使用这种从一个极端移向另一个极端的方式来进行预测。也就是说，他们先想象自己现在是否想吃意大利面（如果饿，吃起来就是"味道不错"，如果不饿，吃起来就是"令人作呕"），并把这个预感当作起点来预言明天的愉悦程度。然后，正如那个假想的小伙子考虑到 50 年后自己对性感女子的态度也许会跟现在不同，并相应地修正了自己的判断一样，这些实验对象也通过考虑吃意大利面的时间来修正自己的判断（"晚饭吃意大利面很棒，但是早饭吃太恶心了"）。然而，一边识别音调一边进行预测的人就没法修正自己的判断了，因此，他们的终点非常接近起点。因为在试图预测未来感觉的时候，我们会本能地把目前的感受当作起点，所以期待中未来的感觉更像现在的感觉而不是那时真正的感觉。

这对于衡量人们的幸福感也同样适用，人们在衡量自己接触某件事物是否会提高自己的幸福感时，总是会立足当下，发挥自己的想象，假设未来的事情如果发生在现在，会为我带来怎样的幸福。这正告诉我们，不要总是沉浸在对未来的想象之中，因为想象的依据仍然是当下。因此，我们要想未来幸福，最重要的还是要把握住当下，因为幸福源于当下，而非期望。

为什么我们总喜欢拿现在与过去作比较

当生活中一些小问题出现的时候，许多人喜欢比较，例如，当发现星巴克咖啡 2.89 美元一杯的时候，回想一下昨天买同样一杯咖啡花了多少钱，并想象用同样多的钱还能买什么东西，因为回忆过去的经历比重新设想新的可能性要简单得多，所以在应该同其他可能性比较的时候选择了跟过去比较。其实应该将它跟其他可能进行比较，因为无论咖啡在一天以前、一周以前，甚至是胡佛总统在任的时候售价是多少，这些都没有什么关系。现在，你要花的是绝对的美元，因此你需要回答的唯一问题就是：怎么才能花最少的钱得到最大的满足？如果进口咖啡豆突然遭到禁运，而一杯咖啡的价格已经飙升到了1万美元一杯，那么你唯一需要问自己的问题就是："用1万美元，我还可以做其他哪些事情，这些事情带给我的满足感比一杯咖啡带给我的满足感是多还是少呢？"如果答案是"更多"，你就应该离开咖啡店。如果答案是"更少"，你就应该点一杯咖啡。

回忆过去比考虑其他可能性要简单得多，这一事实让我们作出了许多稀奇古怪的决定。比如，人们更有可能购买从 600 美元降到 500 美元的旅游服务，但是却不愿意购买现价 400 美元、昨天却还在以 300 美元促销的一模一样的服务，因为把服务价格同过去的价格比较要比将它同一个人可能购买的其他东西进行比较简单得多，所以我们最后选择了变得可以接受的不划算的交易，而放弃了从绝妙的交易变成很不错的交易的那个选择。

这种倾向的结果是，我们对待"有可回忆的过去"的商品的态度同没有过去的商品的态度大相径庭。比如，假设你的钱包里有一张 20 美元的钞票，还有一张价值 20 美元的演唱会入场券。但是，在你到达演唱会现场的时候，却发现自己在路上弄丢了入场券。你会重新购买一张门票吗？大部分人都会说不。现在，请设想你钱包里有两张 20 美元的钞票，在到达演唱会现场时，你发现自己在路上弄丢了一张钞票。你会购买演唱会门票吗？大部分人会说是。并不需要精通逻辑学，我们就可以知道，在这两种情况下，所有有意义的要素是完全一致的：你失去的都是一张面值 20 美元的纸（一张入场券或者一张钞票），而且你都要决定是否要花钱包里剩下的钱来购买一张入场券。然而，因为我们的思维有将现在同过去进行比较的偏好，我们对这两个完全一致的情况作出了不同的分析。在弄丢了 20 美元，并第一次考虑要购买一张入场券的时候，这场演唱会是没有过去的。所以，我们正确地将看演唱会同其他可能性进行了比较，我是应该花 20 美元看演出呢，还是买一副鲨鱼皮绒手套。但是，当我们丢掉的是以前购买的演唱会门票，并考虑重新买一张时，这场演唱会就是有过去的，所以我们会将现在看一场演唱会的代价（40 美元）同过去的代价（20 美元）进行比较，感到自己不愿意看一场价格突然翻了一番的表演。

比较就是这样，有时让人欢喜，自然有时也会让人愁了。对于比较来说，什么样的比较能让人幸福，如何比较会让人幸福，这些都是需要比较者仔细考量的。

人们大都爱拿现在与过去比较，是因为通过比较，我们能够区分优劣，能够更快地选定目标，一旦自己占了便宜就会觉得幸福感倍增。但是，如果你不择时机、不分事情，一味地进行比较分析，那么很可能等待你的不是幸福，而是更多的不幸福……

因此，我们能做的就是要把握住现在，而不是总沉浸在比较的旋涡之中，这样才不至于在比较的旋转中迷失了自己的幸福方向。

并列的多种选择更让我们头疼

在科学研究和发明创造活动中，人们经常会遇到一些表面上相同但实际上并不同的现象，如果对这些现象不仔细地进行比较分析，就有可能以假当真，或以真当假。不是得出错误的结论，就是错过科学发现或技术发明的机会。

因此，在科学研究和发明创造过程中，对新发现的现象不要轻率地归类，而应认真、细致、反复地进行比较分析，尤其对那些差异点（即使很小）更不能轻易放过。

在科学研究和发明创造活动中，同类比较法往往可以发挥极大的能动作用。例如，空气中惰性气体氩的发现就是同类比较法成功运用的产物。在对惰性气体的研究中，英国化学家雷利和拉姆赛并不是把从空气中得到的氮（每升重 1.2572 克）和从氨中得到的氮（每升重 1.2505 克）简单等同起来，而是从两者重量的微小差异（0.0067 克）中寻找原因，经过反复地比较分析，最终发现了惰性气体。又如，约里奥·居里夫妇在发现了穿透力比 Y 射线更强的中性射线时，由于没有经过反复、深入地比较分析以认识两者的差异（除了能量不同外，还有其他的差异），而是看重了不带电荷的相同性，就把这种未知的新射线简单归结成 Y 射线，因而失去了发现中子的机会。与此同时，英国核物理学家查德威克却在导师卢瑟福的启发下，很快就对居里夫妇发现的射线发生了兴趣，通过重复实验和比较分析，确证了这种射线不是 Y 射线，而是中子，并因此获得了诺贝尔物理学奖。由此可见，同类比较法在科学研究和发明创造活动中具有重要的作用。

这是出现在科学研究领域，但是这样的情况发生在我们的生活中，不知道会出现什么样的情形？当然，我们不否定通过这样的比较之后我们会选到合乎心意的东西，但是往往更多时候，面对这样的选择我们是会很头疼的。

首先这整个比较的过程就足以让我们头疼，但是经过这一番比较后不一定结束。等到选定了某件东西后，很快你就会发现它和你期望中的不一样，于是又会总是惦记着那些没有选中的物品，总觉得他们可能会更好。而在这样反复纠结中，我们往往错过了真正的幸福。

没有得到的东西总是美好的，于是就多一份期盼，一份向往，一份前进的动力。不在自己手上的东西，总能让人多出一种想象，并想象着未到手的东西确实如想象中的那么美好，那么让人称心如意。

一般来说，人们不会购买同类商品中最贵的那一个。但是，摆上几件非常昂贵的商品事实上能够促进零售商店的销售业绩。虽然根本就没有人会买这么贵的东西。但是，相形之下，有那么昂贵的商品就显得其他商品很便宜了，这就是同可能性进行比较的结果。

在同可能性进行比较的时候，我们往往会犯错。你是否有为自己的小屋购置那些必需品的经历呢？从椅子到台灯到音响到电视机，都是自己一件一件地精心挑选，在购买这些东西的时候，你八成转了不少地方，也将你最终选择的那一个同其他几个选择进行了比较，比如同一系列的其他台灯，展示大厅里的其他椅子，同一货架上的其他音响，或者同一家卖场里的其他电视机。你不是要决定是否要花钱，而是决定该怎样花钱。这种花钱方式帮助你克服了同过去作比较的天然倾向，"这台电视机真的比我那台旧电视好许多吗？"而是让你能够很容易地同其他可能性进行比较，"当它们并排摆在商店里的时候，这台电视的图像比那台清晰多了。"唉！我们太容易被这样并列的比较愚弄了，这也解释了为什么零售商们会不遗余力地确保我们会做这样的比较。

这往往就是"肩并肩比较"最具有欺骗性的一点，它导致我们注意到可以将各种可能区别开来的任何特征。往往商店是最让人不愿意多待的地方，很多人都反应那很可能是这一生中最不愉快的一段时间。也许你原本打算只在里面待 15 分钟的。或者你可能只是经过那里，然后就很随便地打算进去逛一逛，于是你停好车，走进商店，希望能够在几分钟后，可以在口袋里装着一台时尚小巧的数码相机走出商店。但是，当你走进一个巨大的相机世界时，恐怕你瞬间被弄得晕头转向了，这些相机有各种不同的特点。当然，在你看到这些相机之前，你就应该知道老板摆出来的每一个相机都应该是各不相同的，他摆出来的目的就是为了让你更好地比较它们，因为肩并肩的比较迫使我们考虑了各款相机相互区别的所有特征，最后，它往往让你开始考虑一些自己根本就不在意，而只是碰巧将两款相机区别开来的特征。

让我们去买一本字典吧，你比较看重它的哪些特征？在某研究当中，人们有机会为一本品相完好、收录 1 万词的字典出价，他们的平均出价是 24 美元。而另外一些人则被要求为一本封面磨损但是收录 2 万词的字典出价，他们的平均出价是 20 美元。但是，当又一组人在并排比较过这两本字典之后再分别为它们出价时，他们给品相完好的小字典出价 19 美元，而给破损的大字典出价 27 美元。很显然，人们重视字典封面的完好程度，但是，在其注意力被并排比较吸引之后，他们就会注意到收词量的大小。

实际上，无论对幸福的研究上升到什么样的高度，最后还是要回归到实践中来。如何真正地收获幸福，这才是王道。受心理因素的影响，我们往往会把幸福圈禁在期望的怪圈中，无法真正地获得。我们能做的就是要努力跳出这个怪圈，在选择的时候保持清醒的认识，一旦选定了就要珍惜自己的所有，而不是总是对那些没有选择的事物满怀期望。往往在这样的比较之中，让我们不仅没有得到期望的东西，反而让它毁了我们现有的幸福。

太多时候，我们都太投入于当下的生活，从而使得我们没有时间能够梳理一下我们幸福的生活。往往换一个角度，我们也许就能收获无尽的幸福。我们应该珍惜自己当下拥有的，而不是要等到失去的时候再去期望获得，这样是很没有意义的。

第二章　未来幸福不如现在幸福

大脑最常用的材料就是今天

每个人心中总会有多多少少的回忆，而每个人对未来也总有憧憬的画面，回忆会让人沉浸，未来会让人漂浮，不如想想现在。

对于时间来说，今天就如同一棵植物的根，树根吸取养分才能够生长出根茎、枝干和树叶。今天就是已经成长起来的，也包括那些折断了的枝干和飘落了的树叶。他们之所以曾经存在过和将要存在，最终还是取决于它来自根的养分的提供。

现实生活中，我们恋爱、受伤、痛苦、大笑……这些都是我们对当下生活真实的感悟。随着年龄的增长，回忆在我们的大脑中就越来越多，而这种积累正是源于我们日常生活的积累。生活，其实就是亲情、爱情、友情的大集合，许许多多的悲悲乐乐伴随我们，当我们回忆往昔的时候，评定你是否幸福，与之对比的是你今天的生活；而当我们畅想未来的时候，我们立足的也是当下的生活。如果十年、二十年以后，我们回想我们的生活，对于幸福的评定仍然来自于当下。

回忆起曾经的甜美、幸福与温馨，当初的放在现在，一切变得那么伤感。哪怕回忆过程中我们是悲伤痛苦的，但是我们自己清楚地知道，当初的那些岁月，你是幸福的。

生活像是在看预告片，总是为看不到前面的情节而惋惜，为看不到后面的结局而猜想，而无法专心地看现在的那段情节，与其去思前想后，倒不如去享受这现有的精彩画面，这才是上上之策。

柏拉图有一天问老师苏格拉底自己什么时候能取得人生最大的成功，苏格拉底叫他到麦田里从一头走到另一头，中间不允许回头，在途中要摘一个最大最好的麦穗拿回来，条件是只可以摘一次。

柏拉图觉得很容易，就充满信心地出去了，谁知回来时却垂头丧气，两手空空。苏格拉底问他原因，他说："很多麦穗看上去都很大，可是因为只可以摘一个，所以总觉得前边可能还有更大的，可是到头来才发现手上一个麦穗也没有……"苏格拉底告诉柏拉图，所谓的成功就是如此，不要把希望总是寄托在明天，要着眼于现在。

在现实生活中，每个人都喜欢回顾过去和畅想未来。回忆过去那令人羡慕的辉煌，惋惜过去那惨痛的失败；或者沉湎于对美好未来的幻想之中，有时候又会对今后未知的生活产生无端的忧虑。然而，昨天已成为过去，明天还没有到来，在自己手中牢牢掌握的只有现在。把握现在，就是不必为无可挽回的过去而懊丧，也不必为了遥不可及的未来而想入非非。要实现梦想，获得成功就必须要把握现在。

还记得儿时的梦想吗？有多少变成了现实？这是多么可悲的事情，又有多少我们真正动手去做了？其实梦想是从把握现在开始逐渐实现的。有了目标就要着手行动，不要面对多姿多彩的想法而陶醉不已，不去努力为之奋斗，那梦想永远只是一个漂亮的肥皂泡，瞬间精彩，却转瞬即逝。也不要只是口头说说，也不要面对成功路上的艰难险阻而迟疑犹豫，更不要因为等待"最佳时机"而让沸腾的思想冷却下来，那样只能让我们失去一个精彩的今天，别总想着"明日复明日"，那样你的明天永远不会到来。

　　与其担心未来，不如现在好好努力。这条路上，只有奋斗才能给予你安全感。不要轻易把梦想寄托在某个人身上，也不要太在乎身旁的轻言耳语，因为未来是你自己的，只有你自己能给自己最大的安全感。别忘了答应自己要做的事情，别忘了自己想去的地方，不管那里有多难，有多远，有多"不靠谱"，属于你的一切，都是那么的有价值，即使是失败的，也是一份价值连城的经验。

　　有这么一对夫妻，从结婚开始就为以后的生活操心。当同龄人都生了孩子，安享天伦之乐时，他们觉得不能要孩子，因为他们觉得让孩子出生在一个经济条件较差的家庭中，是对孩子的不负责任。

　　于是，他们拼命挣钱、攒钱，打算等买房买车后就要个孩子。但是，不幸的是，几年的辛劳，女方已经累出了一身的病，不但无法生育，还不得不将先前拼命攒下的钱用来买她的健康，从此忧郁和愁闷就长久地笼罩着他们的心。

　　另外一对夫妻，他当年没结婚时，没有积蓄，居住在破旧的小房子里，但他们生活得很惬意。特别是有了孩子之后，虽然生活仍有些拮据，但是他们每逢节假日都要带着孩子去旅行，坐火车时，不管多近的路都要买卧铺；住宾馆时，从不住便宜的房间，他们说应该偶尔让孩子体会一下舒适的生活。

　　渐渐地，他们的孩子长大了，他们发现孩子在绘画方面很有天赋，就为孩子请了有名的美术老师做家教。现在，孩子已经长大成人，并在艺术领域小有成就了。在国外留学的孩子写信回来说："虽然我们家一直过着清贫的日子，但是我一直生活得很快乐，我怎么也忘不了小时候去旅游坐火车、住宾馆时的快乐，更无法忘记当年在老师的引导下初次进入艺术领域的那种兴奋。谢谢爸爸、妈妈，你们让我的人生缤纷多彩。"

　　对于我们来说最重要的是，不管做怎么样的选择，都要对得起自己的内心。很多年以后，你在此回想起来，唯一让你觉得真实和骄傲的，是你昂首挺胸用力走过的人生。

百川东到海，何时复西归。既没有人能留住时间的脚步，也没有人能留住永远的春花。我们既回不到过去，也决定不了未来，那么就让我们用如花的心情来珍惜灿烂的每一天，就让我们用如水的柔情来善待美好的生活，这样花落时我们没有遗憾，水流时我们只有平静。

时间是一个人可以花费的最有价值的东西。把握现在，过好每一年，我们的人生就会相当美满；过好每一天，春夏秋冬就会色彩斑斓；过好每一分每一秒，让努力的气息填充其间，让憧憬中的未来不再遥远。把握现在，就要立刻行动起来，生活不是守株待兔的遐想，也不是亡羊补牢的缅怀，只有行动才会让我们的明天更加精彩！

把握现在，就不要痴想未来，老想着明天的种种，现在的时光就会白白流逝；把握现在，就不要回想过去，总怀念过去的一切，有限的精力就会被无端浪费。把握现在，就是坦然地面对一切，不必为失去的机遇而扼腕长叹，也不必为不公平的现象而患得患失。

谁都想充分证实自己，实现与理想毫不相悖的人生价值。可是，期望与现实往往发生冲突，我们所获得的未必是所期望的，与其一厢情愿地久久眺望远方的海市蜃楼，不如现在踏踏实实地收获一份平淡的真实幸福。

每一天，都是幸福人生的一部分

哈佛幸福课教授泰勒·本-沙哈尔教授曾经为同学们介绍过一种理论模型：完美者的实现方案有两种，一种是直线的，而另一种则是曲线的，是类似于螺旋式上升的实现方案。这两种方案之间，有什么区别呢？这两种模型的起点和终点都是一样的，但是区别就在于中间的过程。并不是每一个人都仔细考虑过自己究竟想要过什么样的生活。有的人很成功，但是在奔向成功的过程中会感到很痛苦。而有些人不然，他们在奋斗的过程中依然很享受这样的一个过程，这就是二者的差别。

泰勒·本－沙哈尔说，他有一位交情很好的大学同学，现在是一位银行投资家。那位同学从上大学的时候就一直很努力，毕业的时候以优异的成绩得到了很多单位的聘请，工作多年后又和朋友们一起开办了自己的公司。这位同学最大的特点就是把工作当成一种享受，每每当他和别人谈论起来自己的工作，讲起话来总是富有感染力。他很期待每天的工作，每天都会工作很长的时间不知疲倦。在泰勒·本－沙哈尔的眼中，他简直成为追求完美人生的典范。

生活中的起起伏伏都是很正常的，关键是懂得享受过程比得到结果更重要。

英国著名哲学家塞缪尔是一个杰出的完美主义者。他曾经在写作的时候，经历了完美主义带来的痛苦。

对于塞缪尔来说，写作是他生命中最重要的事情。由于他太过于担心自己写不出好文章，所以就真的写不出好文章了。

后来，塞缪尔对自己许下诺言：在我生命的最后时刻，我一定要写出属于自己的巨著，之前所写的全部都是草稿。这个想法让他得到了解放，因为他不用再为自己写不出东西而担心了。

在塞缪尔看来，他从来都还没有开始写自己的巨著，但是这段时间里他写下了无数对后世有影响力且充满了华丽辞藻的文章。塞缪尔把这些只当成了"最初的草稿"，所以这些对他没有任何压力。

泰勒·本－沙哈尔说自己从塞缪尔那里学到了这个"独门秘籍"，所以后来，每当他要考虑做某件事情的时候，他就会对自己说："好吧，就让这个故事变成完美主义的一部分吧！"

在追求幸福的过程中，每个人都会遭遇挫折，甚至失败。从一个完美的人变成为一个追求完美的人，这个过程重在享受，这个过程值得庆祝，尽管曾经失败过、跌倒过。大多数的人往往会陷入"对结果进行奖励"这条道路上，而忽略了对其间的过程进行奖励。实际上，不论做任何事都是个很好的尝试。

那么如何来对自己进行尝试呢？泰勒·本－沙哈尔总结出一个办法，他将其称为"3P"尝试法。

第一个 P 是允许自己（the permission to be human）。当经历了困难之后，是很痛苦的时期，第一步要做的就是允许自己，承认这是一种情绪，承认这是个困难并且接受这个事实。

第二个 P 就是积极地看待这件事情（positive）。无论情况怎样的糟糕，都要想一下：这件事情积极的一面是什么？这件事对我们的成长带来了什么样的机会？如果是经历了很困难的阶段，可以对自己说"对，这是使我成长的重要工具，它会使我更了解自己以及他人，对我将来的发展更有利。"总之，要看待失败的光明一面。

还有很重要的一点就是要学会分心，分心是指去看看未来的某些方面，停下来去分析现在产生的每种情绪，感觉和思想并不总是很好的。当消极的思想或者感觉出现时，很有用的方法是通过某种方式把这种思想从自己的身上抽走，可以去听听音乐、跑跑步，或者是和别人谈谈心。

这种方式和逃避完全不同，要知道"分心"也是积极看待问题的一种方式，因为任何人都不可能有精力去处理身边的所有事情。有的时候要对自己说："好吧，我不要再去想了，没有用的，我的神经已经被禁锢僵化了。一个人想也得不到什么结论，还是让我去做点其他的事情吧，或者是去听听音乐，或者是去跑跑步。"

第三个 P 就是采纳正确的观点（taking perspective）。这个真的很重要吗？答案是：真的很重要。在美国流行一本小书名叫《不要为小事担心——所有的事都是小事》，在人们的日常生活中大多数事情都是小事情，任何人都不应该为小事情而担心，如果是失意的时候，不妨问问自己"一年以后，为这件事伤心是否值得？"在大多数的情况下，答案是否定的。这样的提问就是在暗示自己：没有什么事情值得自己委靡不振。

泰勒·本—沙哈尔举出自己的切身经历说明他是如何来应用 3P 法则的。

在一个学期刚刚开学的时候，泰勒教授带着自己的女儿去了托儿所，由于在路上耽搁了时间，所以再赶回课堂上课一定会迟到。一直以来，泰勒·本—沙哈尔都有课前准备的习惯，当他估计自己差不多快迟到了的时候开始焦虑不安，因为他没有时间在上课之前把自己的教案再温习一遍，感到压力很大。这个时候，泰勒·本—沙哈尔应用了 3P 法则开始说服自己：

第一个 P：允许自己。他对自己说，现在你自己感到不安有压力，即便你是一个积极心理学的老师，也是允许的。

第二个 P：尊重事实，积极看待。他接着说服自己，这个课开课仅仅两周，一切刚刚走上正轨，有时候难免会遇到事情拖住后腿。想到此后，他开始了积极的思维：自己可以从中收获到一些什么益处呢？要想办法简化自己做事的内容，让自己做更少的事而不是更多，这个问题如果要是想出来了，那就是一大收获。其次，自己又多了一个案例介绍给同学们，即如何运用 3P 法则。

第三个 P：得出正确的观点。他想到，一年之后，上课之前没有做好准备这件事情对自己来讲很重要吗？上课前只能看一遍教案，而不是两遍，所以本来可以达到 95％ 效果的课只能达到 90％，这很重要吗？当然不是。

通过这三个步骤看，泰勒·本—沙哈尔轻松地说服了自己，来不及温习教案其实并不是一个严重的问题，自己为此有压力并不值得，想到此，他内心便非常放松，非常平静。

　　这个技巧操作简单，而且快捷实用。它所起到的作用更像是丸药，经历困苦的时候应用它，应用的次数越多，它的起效就越快。

　　诚然，对于岁月的长河来说，我们当下做的每一件事都是小事，都是微不足道的，但是正是这种日积月累的生活琐事才成就了我们通往幸福的过程，而在这个过程中，我们应该用心地去感知，认真地去对待，明白了每一天每一个小事都是我们幸福生活的一个重要组成部分，从而能真正地领会幸福的真谛。

无法消除的厚今主义

　　过去的已然成为现实，没有时光机可以倒退时光更改历史，所以要承认现在的客观存在性。无休止地后悔、抱怨过去都是毫无意义的。当然总结教训经验一类的，还是相当有用处的，并且是要用客观的态度去对待，不掺杂任何偏向情感进行总结。而实际上人们还是乐于回忆那些印象深刻的过往，有些时候我们会在脑海里回想当年的角色，重新体味那些有意义的过去，然后从中领悟一些"现在"所需的东西。或许潜意识里，回忆是将"过去"与"现在"作对比，察觉差距，获取所需的观感调整。

　　不论处于何种环境和条件下都需要以正确的心态看待世界和人生，对待生活和工作。在压力下摆脱烦恼，在痛苦中找到快乐，在逆境中发现机遇，在失败中看到希望，从而掌控自己的命运航向，收获事业、财富、健康、幸福和成功。

　　如果说"回忆"将"过去"与"现在"联系到了一起，那"憧憬"应当就是"现在"与"未来"的纽带。当然，未来的事还没有发生，相比过去，如果能够安排的话，或许更多人会选择一个理想化的未来，因为未知对于人来说更具恐怖感，也说明人在潜意识里都知道过去的不可改变。

就像《蝴蝶效应》所表达的：过去与未来都不是呈现在现在的眼前，即不是你现在所能触碰到的，只是脑细胞活动的产物。对于这两者的态度就可以用积极和消极来划分，毕竟无喜无悲的圣人难有，取个平衡吧。

在美国小女孩芳娜的记忆里，她童年的天空似乎永远是灰色的。不幸身为私生女的她，在周围人们的眼中总是那么卑微与耻辱。老师和同学冰冷、鄙夷的目光，小镇上居民在她和妈妈背后的指指戳戳与窃窃私语，让年幼的她变得越来越自卑，她开始主动封闭自我，逃避现实，不愿与周围的人接触。

她13岁那年，小镇上来了一个新牧师。每次礼拜天，镇上的居民便扶老携幼、携家带口纷纷走进教堂，听这个有修养的牧师讲经。从教堂出来的人们脸上都洋溢着快乐，而芳娜每次只能静静地躲在远处，想象教堂里的美好，却从不敢走进去。因为她懦弱、胆怯、自卑，她认为自己没有资格进教堂。

有一天，她鼓起勇气，偷偷地溜进了教堂，躲在最后一排听牧师的讲经。牧师正讲道："过去不等于未来。过去你成功了，并不代表未来你还会成功；过去失败了，也不代表你未来就要失败，因为过去的成功或失败，只是代表过去，未来是靠现在的行为去决定的。现在干什么，选择什么，就决定了未来是什么！失败的人不要气馁，成功的人也不要骄傲，成功和失败都不是最终的结果。它只是人生过程的一个事件。因此，这个世界上不会有永恒成功的人，也没有永远失败的人。"芳娜的心灵犹如流过一股暖流，封闭的心也开始慢慢融化。

以后每到周末，她总会溜进去听讲，却总是在结束前悄悄离开——她不想让别人看到。

直到有一天，她听得入迷忘记了提前离开。在散场的人群中，牧师的双手突然搭在她的肩上，他和蔼地问芳娜："你是谁家的孩子？"人们都愣住了，芳娜也完全惊呆了，不知所措地站在那里，眼里含着泪水。

这时，牧师脸上浮起慈祥的笑容，可亲地说："噢——知道了，我知道你是谁家的孩子了——你是上帝的孩子。"他抚摸着芳娜的头说："这里所有人和你一样，都是上帝的孩子！过去不等于未来。不论你过去怎样不幸，这都不重要。重要的是你对未来必须充满希望。现在就作出决定，做你想做的人。孩子，人生最重要的不是你从哪里来，而是你要到哪里去。只要你对未来充满希望，就会充满力量。不论你过去怎样，那都已经成为过去。你只要调整心态、明确目标，乐观积极地去行动，那么成功就是你的。"在人们的掌声中，芳娜终于抑制不住激动，眼泪夺眶而出。

从此，芳娜的人生彻底改变了。她不再自卑，不再在意自己的身世。在 40 岁那年，她担任了田纳西州的州长，后来弃政从商，做了一家大型跨国企业的公司总裁。67 岁时，在她的回忆录《攀越巅峰》一书的扉页上，她写下了神父的话："过去不等于未来，从现在起就理直气壮地做一个你想做的人！"

美国历史学会的主席曾经指出："没有消除厚今主义的现成办法，它是很难从现代退场的。"我们中的大多数人都不是历史学者，所以不必担心寻找这个出口的问题。然而我们都是未来人，当人们往前看的时候，厚今主义便不请自来，而且无法消除。因为对未来的预言是现在做出的，它们必然将受到现在的影响。厚今主义之所以出现，是因为我们无法意识到未来的自己还会不会以现在的方式来看待世界了。正如我们将要了解到的，未来人面临的所有问题中最严重的一个就是，我们根本不能从以后我们要成为的那个人的角度来看问题。

昨天已然逝去，叫作回忆。我们不能将回忆当成未来。毕竟未来比过去更重要，不能因为以前的事情就影响到你对未来的看法。每个人都会有忧伤郁闷的时候。生活就是如此，不会一帆风顺，只要你能想明白，过去的事情总会过去，你还是要独自面对未来。

虽然"过去"和"未来"都不是"现在"所正在经历的，但对于"现在""过去"会是一种很好的鞭策，"未来"会有激励引导的作用。而"现在"应该是最受重视的，每个人都是活在当下的。

无论是辉煌的过去还是不堪回首的昨天，都已经过去了，光荣不可重现，失败不会持续，明天才是应该追求的。球王贝利在回答记者关于哪一个进球是他最值得骄傲时，他平静地说："下一个。"是的，过去的成功，代表的只是过去，未来什么都有可能发生。昨天的成功与失败，都随着"现在"这个分水岭，被留在了生命的过往旅途中。未来，充满着无穷无尽的可能性。

人生，永远不可能"早知道"

如果说人生如戏，我们肯定希望自己的人生是一部超越史诗的鸿篇巨作。它如史诗般波澜壮阔，尽收百态，包罗万象；而它又超越了戏影，是一部永不 NG 的自导自演，无休无止直到生命终结的现场直播，这种直播一旦开机，情节不管是好是坏，表演不管到不到位，都无法更改。

现实生活中，很多人都会做错一些事情，错过一些人一些事，所以"早知道"就成了口头禅。可是我们都要清楚一点，世上永远没有后悔药，人生永远不可能"早知道"！

有一位著名的心理医生受邀到一所大学进行演讲，在演讲的开始，教授说："根据我的估算，心理疾病大约有一百种不同的类型，一千种治疗药物，相关的研究书籍，则多达一万种……

"但根据我辅导心理疾病四十年的经验，心理疾病其实根本没有那么复杂，只需要三个字就能说完。你们可以猜一猜，究竟是哪三个字？"

台下开始低声讨论起来，稍许，同学们便满脸疑惑，等待着教授宣布答案。

教授徐徐说道："那三个字就是——'早知道'！"

在我开设的忧郁症门诊中，最常听到这样的话："'早知道'我当初用功一点，考上理想的大学就好了；'早知道'我就减少一点工作的时间，多多关心家人；……但很可惜的是，没有人可以预知未来发生的事，所以人生不可能'早知道'！但是，'早知道'这三个字，却可以很轻易地把人逼疯！"

英国诗人雪莱说过，如果错误能让你学到经验，那么你就无须为错误感到后悔。他还说过，过去属于死亡，未来属于你自己。

既然过去不可能改变，我们就只有两种选择：一个是被过去打倒，活在"早知道"的懊悔里；一个是勇敢地接受事实，走好今天的每一步，让明天少走歧路，让人生少有污点，少有遗憾。无论对与否，我们都应将其沉淀于心，作为明天的参照，人生的导航。

通往幸福的路不止一条，自己要给自己机会，更重要的是，不管怎样的绝境都不要放弃。在命运的琴上，即使你的 A 弦断了，你还可以用 B 弦演奏出美妙的曲谱。

逝者如斯，人生匆匆，不必纠缠于每一个"早知道"。不能得到的证明是没有缘分拥有，也证明你的缘分是应该拥有更好的；现在没有做到的证明是缘分还未到，时限一到，一切都会顺理成章，而那些遗憾的发生，才显得幸福的路更加丰富多彩。

走过的路，不能写在脸上，受过的艰辛和挫折也许没有人能看到，但是磨难会印在你的气质里，有一种难言的美。正像台湾作家琦君的散文里说的那样：眼睛因流多泪水而益愈清明，心因饱经忧患而益愈温厚。

国外有一个很有名的救援，专门负责辅导被虐待妇女的保护组织，这个组织的创办人曾有过痛苦的经历，她小时候曾被继父强暴，直到学校的老师发现她的行为有异，才揭露继父的恶行，让恶狼锒铛入狱。

在一次采访的过程中，创办人被问到自己怎么看待那段不堪的过去，创办人给出了出乎意料的答案："我感谢上帝给我那样的过去。因为那段过去，我才有今天惊人的勇气；因为那段过去，我才能对受虐妇女感同身受；因为那段过去，我才会站出来，帮助更多人。或许可以说：就是那段过去，成就了现在的我。"

有位相声演员谈及自己的成功时说，我是被挤兑出来的。这位创办人又何尝不是呢？倘若没有那段过去，她不会感同身受，应该也很难做得像现在这样好。福祸相依，当你觉得因为无法"早知道"而得到了沉痛的教训，不要只是忙着难过，须知对于人生来说可能是件好事。

也许你没有缘分少年得意，但正是懊悔的积淀使你明白了成功的来之不易，因此才不会因为成功而自傲自负，目中无人；也许你的遭遇非常的不幸，命运不可逆转，然而正是不幸的侵袭使得你更加明白了幸福的可贵。

回首过往，你是否会觉得过去的一幕幕都是如此地戏剧化，每一处转机都无可预料，有时候甚至会觉得荒唐可笑，不知道当时困境中的自己为什么会绝望无助，让生活变得没有一缕阳光。现在的自己不是生活得很好吗？

生活很幽默，喜欢和我们开玩笑。面对过错，与其唏嘘叹息，不如一笑而过。如此想来，现在犯下过错的我们，更应该摒弃懊悔，乐观向前，不要让现在的自己成了以后的自己嘲笑的对象才好。

完美或者缺憾，都是缘分使然，缘之将来，天涯咫尺；缘之将去，咫尺天涯。因此我们应该淡然地对待过去，早不早知道亦无须太在意，像普希金的诗里讲的那样：

"假如生活欺骗了你／不要悲伤／不要心急／一切都是瞬息／一切都将会过去／而那过去了的／将会成为亲切的怀恋。"

有人说，如果活过来的人生只是一个草稿，能够把它纂写一次该有多好！是的，生命对每个人来说只有一次，谁都想让它如美玉般完美无瑕疵。可惜的是，人生是没有草稿的。人生没有完美可言，生活中处处存在着遗憾，这才是真实的生活。

而生活，也正是因为缺憾而美丽，因为分离才有相聚的热泪盈眶，因为失败的痛苦才为成功打下基础，因为生活的艰辛才明白收获的来之不易。人，总是在经历，总是走在生活这坎坷的道路上。

不必喟叹什么"早知道"，不问未来是一种豁达，不问过去是一种智慧。我们没有时光机，不可以像哆啦 A 梦那样回到过去改变自己酿下的错误，唯一能够改变的是自己的心态。沉湎于懊悔和痛苦是无济于事的，扛着"过去"的包袱的人也不能走更远的路。忘记痛苦需要勇气，珍惜现在是智者所思，勇者所想。

太多人习惯生活在下一个时刻

有一个非常著名的禅师，他在九岁的时候就立定决心要出家。当时他希望一位老禅师能够为他剃度。老禅师对他说："我明白你已经下定了出家的决心，我愿意收你为徒。不过今天太晚了，待明日一早再为你剃度吧！"

他对老禅师说："师父，我不能再等明天了。你说明天一早就会为我剃度，但是我终是年幼无知，不能保证自己出家的决心是否可以持续到明天。而且，师父你也上了年纪了，你自己也不能保证明早起床时是否还活着啊！"

他说的这一句话最终感动了老禅师，老禅师满心欢喜地说："对的！你说的话完全没错。现在我就为你剃度吧！"

今天的事情一定要在今天完成，哪怕是要熬夜晚睡觉，也要把第二天需要的物品整理清楚。告诉自己，这是每一个成功人士都需要养成的一个好习惯。同时还应该意识到，做事有计划是好的，但这只是成功的一半。只有动身去把计划落实，才算是一个成功的好计划。其实处理问题就和对待生活是一样的，如果你总是做事拖沓，那么相信你对待生活也是一样的拖沓，总是习惯寄希望在下一个时刻，面对如何让自己幸福的问题，大多数人也总是一拖再拖，而不是立即做起，从当下做起。

都说："一年之计在于春，一日之计在于晨，一家之计在于和，一生之计在于勤。"我们只有把今天的工作做好，有个好的结束，明天才不会被今天所累，才会有个好的开始。这样明天的工作才会在"好的开始"中漂亮地完成。

生命其实可以被看作一种物质，它是以时间为单位的。我们大部分人的生命长度看似相近，但是在这相近数量的生命里，我们能够萃取的精华却是大相径庭。生命的宽度与高度取决于我们对待生活的态度和方式。

要想抓住今天，就不要等待明天，不要将今天的事情拖到明天再做，真正地做到"今日事今日毕"。没有责任，就没有压力；没有压力，就没有动力。

西点军规告诉我们：无论做哪种工作，都需要有一种责任心和敬业精神，都要沉下心来，踏踏实实地去做。哈佛的人生哲学告诫我们：要以珍惜的态度把握时间，从今天开始，从现在做起。在哈佛人心中，时间是最浪费不得的。他们把时间视为人的第一资源，认为没有一种不幸可以与失去时间相比。所以他们做事从不拖延。

在比尔·盖茨的家乡，每年都要举行一场阅读比赛。比赛的举办方是当地的图书馆，所以比赛的内容就离不开阅读和背诵。比尔·盖茨每年比赛都能够进前三甲，有的时候还会捧回冠军的奖杯。当人们纷纷把比尔·盖茨当成神童来看待的时候，他才说出了自己成功的秘密。

原来，小时候的比尔·盖茨一直坚持着阅读的好习惯。9岁的时候，他就看完了《百科全书》。11岁的时候，他就已经能够背诵《马太福音》里面最冗长的段落了。

这一切的成就都要归结于比尔·盖茨的外婆。当外婆发现小盖茨有着惊人的记忆力和思考能力的时候，她就要求比尔·盖茨每天背诵一定的段落和思考一些问题，完不成这些任务，小盖茨就别想出去玩。

而小盖茨也一直坚持按外婆的要求去做，他告诉自己，今天的任务就应该在今天完成，因为明天还有更多的新任务在等着自己呢。

在这种训练之下，小盖茨一天天成长起来。直到现在，他也从来不会把今天的事情推到第二天去完成。

比尔·盖茨告诫儿女们：把握今天永远都是最重要的。今日事今日毕，明天还有更多需要你来完成的事情。所以我们若是把现在的任务推到第二天的话，第二天的任务又会被推到什么时候才能完成呢？明日复明日，明日何其多？

中国古代伟大的思想家庄子曾说："人生天地之间，若白驹之过隙，忽然而已。"这句话的意思是，人们生长在天地之间，就好像白马从细小的缝隙前一闪而过，是一瞬间的事，几十年的生命其实是非常短暂。不要等到人生快要走完的时候，才后悔自己还有很多事情没有来得及去做。

做到今日事今日毕，珍惜每一分的时间，其实就等于延长了我们的生命。"悬梁刺股"、"囊萤映雪"和"凿壁偷光"的典故正是古人有感于时光之短暂而为珍惜时光所做的努力。

"明日复明日，明日何其多。我生待明日，万事成蹉跎。"这是《明日歌》中的内容。事实也的确如此，明天过了还有明天，它永远不复返，且又永远无穷尽。虽然明天是无穷无尽的，可是我们的青春和生命是有限的，时光如梭，一个又一个今天离我们远去，永不复返。同时，一个又一个的明天只会让我们渐渐长大，再到衰老、死去。

所谓"当下"，简单地说就是指现在正在做的事、所在的地方、周围一起工作和生活的人。所谓"活在当下"，就是要把关注的焦点集中在这些人、事、物上面，懂得抓住真实的刹那，全心全意认真地去接纳、品尝、投入和体验这一切。

从前有个书生连做梦都想考中秀才，可是他遇到事情时却只会说："唉，今天做不完的事明天再做吧！"就这样日复一日，后来他变得十分懒惰，成天无所用心，因而他离中秀才的机会越来越远。这个书生就因为总是等待未知的明天，而不把握实实在在的今天，最终计划落空。

作为活在当下的我们，应以前车之鉴，不忘后事之师。应该做到今日事今日毕，绝不拖延。

珍惜眼前的每一分钟，也就是珍惜所拥有的今天。道理看似简单，大多数人却无法真正做到专于"现在"，某本书中曾叙述过这种状态：起初，想进大学想得要命；随后，巴不得赶快大学毕业好开始工作；接着，想结婚、想有小孩又想得要命；再来，又巴望小孩快点长大去上学，好让自己回去上班；之后，每天想退休想得要命；最后，真的老得生命快要终结的时候，忽然间才明白，自己一直忘了真正去体验生活。这就是许多人一生的写照。他们劳碌了一生，时时刻刻在为未来做准备，不愿意把时间浪费在"现在"，殊不知自己已经失去了每一天、每一个真实的刹那，失去了欣赏和领受快乐的能力。

因此，把握今天，就是要珍惜眼前的分分秒秒，最重要的是不要去看远方模糊的事，而是做手边清楚的事。把握今天，落实到我们日常的实际工作中，就是要敬业。敬业其实很简单，就是无论在什么情况下都要重视自己的工作，热爱自己的工作，明确自己的工作职责，认认真真完成属于自己的每天的任务，坚决不把今天的工作推到明天去做。像海尔的企业文化宣传语中所说的一样："日清日毕，日积月累，就会有属于自己的一份精彩与幸福。"

早领悟，才能早幸福

人生的哲理年轻时不明白，也不曾想要去明白；中年时想要明白，却经常想不明白；年老时都明白了，失去的东西却太多了。早一天领悟，就早一天少走点弯路，少受点挫折，在人生的道路上走得更加平稳、顺利，使我们可以加快步伐走向成功，早日拥有幸福。

幸福是指使人心情舒畅的境遇和生活，有称心如意的意思。世界上有千百种人，不同的人对幸福有不同的理解和体验。如我所知的幸福是一种人生历程中对美好片段的经历和感受，是一个个清晰和具体的印象。

幸福有两种，一种是享受过程，一种是享受结果。过程是一根线，结果是一个点。过程是绵长的，结果是短暂的。一根线的幸福，可以拥有无数点的幸福；一个点的幸福，只是一个点。

对于幸福的感悟，是一种朝向内心深处的心灵领悟，让人最难以把握。但感悟幸福对于人生是非常重要的。人生一世最多不过一百年，我们都应该学会把握，并力求善于把握。只有这样，我们才会接受自己的平凡，才会接受自己的平庸，才不会不知所谓地怨天尤人。

1823 年，35 岁的大诗人拜伦已经开始失去生活的欲望了，他的生活变得无聊，死一般的无聊。于是，那年夏天，他跟着军队朝希腊进发，准备将生命献给战争。行军途中，他致信诗人歌德，倾诉自己的苦恼。

当时歌德已 75 岁高龄了。一个风华正茂的生命没有生活目标，没有情人，不想结婚，更不敢谈恋爱，将生活寄托于一场战争。而另一个风烛残年的生命却正准备向一个年轻的女人求婚，他的情欲像一个年轻小伙一样旺盛。

那时，歌德正在向一位 19 岁的姑娘求婚，他对这场巨大的年龄差距的爱情怀着万丈激情。拜伦闻讯后，在异国他乡更加忧伤，他说自己是年轻的老人，而歌德是年老的年轻人。

一年后，拜伦在一场没有结果的战争中病死。临死前他对医生说："我对生活早就烦透了，我一点也不幸福。我来希腊，就是为了结束我所厌倦的生活，你们对我的挽救是徒劳的，请走开！"

而那时，年迈的歌德还在那个美丽女子的怀里享受着生活，他的诗作一篇比一篇华丽而又激情澎湃。

拜伦和歌德的差距告诉我们：早领悟，才能早幸福。拜伦如果早早地领悟到世间最珍贵的是把握生命中的幸福，能够带着一个积极的心态来面对当下的生活，也许它就不会年纪轻轻就对生命丧失了欲望。拜伦不懂得如何幸福地生活，那生活也就不可能还他以幸福。最后，只能在抑郁和抱怨中死去。而歌德是一个懂得抓住当下生活的人，他的现实生活和精神生活都是幸福的。

理解是幸福的基石。幸福是一种情感的回味与感动，幸福是人领悟的一种感觉，透彻地去理解会成就我们的幸福。因为理解与被理解是相通的，理解会给别人带去幸福，而被理解会让我们自己幸福。一个心存芥蒂的人，一个以自我为价值的人，一个只知道索取的人，怎么会有幸福可言呢？

歌德说："你所不理解的东西是你无法占有的。"

我们在学会感悟幸福和记住幸福以后，就不会再埋怨生活是如此的平淡如水，不会再觉得庸庸碌碌，不会再在曲终人散之后感到无尽的空虚和寂寞。因为，在我们的脑海里，不仅保存了曾经的幸福体验，还将保存更多未曾拥有但可以期待的幸福。

在时间的大钟上只有"现在"两个字

人为什么要珍惜现在？因为生命中最重要的时刻，不是过去，也不是未来，而是现在——此时，此刻。只有现在我们才能够感受到自己的存在。

英国剧作家莎士比亚说："在时间的大钟上，只有两个字——现在。"

有一天，一个长得非常漂亮的女人，跑到一个哲学家的家门口告诉他："哲学家，我好想嫁给你，娶了我，你将是世界上最幸福的人。如果你不娶我的话，再没有像我这么爱你的人了。"

年轻的哲学家对姑娘说："让我考虑一下吧！"

从此，哲学家用他的哲学思维方式来衡量结婚和不结婚的好处。后来发现结婚和不结婚的利弊相等。于是，他决定尝试一下他没有走过的路。

他找到了女孩家，推开了门，看见女孩的父亲坐在屋子里。他忐忑不安地对女孩的父亲说："我想好了，我要娶你的女儿。"

女孩的父亲看看眼前的哲学家说："你已经来晚了，她现在是三个孩子的母亲了。"

不久，年轻的哲学家就在抑郁中死去了，死前他烧毁了生前所有的著作，最后只留下了两句话：前半生不要犹豫，后半生不要后悔！

其实很多人的前半生，确实因为犹豫而失去了很多机会，包括生活、事业、情感等诸多方面。

俗话说：走过路过，不要错过。因为不经意间，我们就错过了一些生命中很重要的人和事。不是我们不明白，而是我们太犹豫，没有抓住，所以生活中才有那么多的遗憾和不堪回首。

时间的步伐有三种：未来姗姗来迟，现在像箭一般飞逝，过去永远静立不动。要想捉住时间的脚步，就要从现在开始，不要让它没有意义地溜走。捉住它、利用它，否则它会抛弃你，你的人生会因为没有目标而变得平平淡淡，像一碗白开水一般毫无意义。

把握时间，追赶时间，但我们绝不抛弃时间。要知道，在时间的大钟上，永远只有两个字——现在。从现在起，对每一分每一秒负责，为自己的人生负责。时间代表生命，争取更多的时间，捉住它，让它为你服务，被你控制。人生的短促会因为把握时间而变得长久。

过去的已然成为过去，无法挽回，而未来是由现在所决定的，所以我们能做的就是把握好当下，别再留下更多的遗憾。

有个小和尚，在寺院里负责清扫卫生。每天清晨他都要早早地起床，把整个寺院清扫一遍。

打扫院子实在是一件苦差事，每天寺院里都会有很多的杂物，尤其到了秋天，每次一起风，都会吹落满地的树叶。每天不论多忙碌，都会有扫不完的落叶，这让小和尚头疼不已。

他想要是能每天只打扫一次就把所有的落叶都扫干净该有多好啊！于是他就去问寺里的其他和尚，有个和尚就告诉他："你在每天打扫之前先用力摇树，把就快要落的枯叶统统摇下来，那你就不用忙个不停了。"

小和尚觉得有道理，是个好办法。于是隔天他起了个大早，使劲地摇院子里的每一棵树，他觉得这样他就可以把今天跟明天的落叶一次扫干净了。

一整天，小和尚都非常开心。第二天，小和尚到院子里一看，傻眼了。院子里的落叶和往日一样多。小和尚很不解，就去问老方丈。方丈摸了摸小和尚的头："傻孩子，无论你今天怎么用力，明天的落叶还是会飘下来。"

明天是未知的存在，明天的事情只属于明天，今天的人永远不可能解决明天的问题。

佛家常劝世人要"活在当下"。什么是当下呢？简单地说，当下就是我们眼前的人，身边的事，此刻的心情。活在当下就是不悲过去，不喜未来，全心全意地去关注眼前人、身边事，还有我们心里那些瞬间的感动和幸福。

没有人可以回到过去，所以历史无法改变；也没有人可以穿越未来，所以未来无法预知；我们能够把握的只有当下。此时此地，此情此景，当你把所有的爱和智慧都融入当下的生活，真真实实地感受生命的存在时，你的存在就是一种幸福。

大多数的人都无法专注于"现在"，他们总是若有所想，心不在焉，想着明天、明年，甚至下半辈子的事。有人说"我明年要赚得更多"；有人说"我以后要换更大的房子"；有人说"我打算找更好的工作"。后来，钱真的赚得更多，房子也换得更大，职位也连升好几级。可是，他们并没有变得更快乐，而且还是觉得不满足，"唉！我应该再多赚一点！职位更高一点，想办法过得更舒适一点！"但是人们并没有因此变得更幸福，反而淹没在这些数不尽的未来"梦想"里面，迷失了自己，迷失了现在。

"时间就是生命，无端地空耗别人的时间，其实无异于图财害命。"这是伟大的文学家鲁迅先生的名言。而怎样安排时间，也是一门很大的学问。"一寸光阴一寸金，寸金难买寸光阴。"一天、一时、一分、一秒都要珍惜。时间是最公平合理的，它从不多给谁一分。勤劳者能叫时间留下串串果实；懒惰者只能让时间留给他们一头白发，两手空空。

时间是一切与生俱来的天然赠品中最宝贵的一个，追赶上时间的脚步吧，别让它从你手中偷偷地溜走！只有追赶上时间的脚步，把握当下我们所拥有的，珍惜现在我们所在意的。这样，我们就能从更大程度上感知到幸福。

第三章　你才是幸福的障碍

你是幸福的，只是你还不知道

这是一个幸福的时代。在并不遥远的过去，幸福曾卑微到只是苟活于乱世，曾渺小到只是一块能免于饥饿的窝头。再看看我们时常抱怨的现在：为房贷焦虑，但毕竟能担负起不菲的首付；为堵在路上而急躁，但毕竟有车开，有车坐。

人性是贪婪的，我们总是不满意现状，总是想得到更多。在饥饿时向往能填饱肚子，待丰衣足食后却贪婪锦衣玉食。总之，得到的总觉得不是最好的。这样必然会导致想要的没得到，拥有的没抓住，反而失去的更多。也正是这种贪婪，这种不满足，常常让我们与幸福失之交臂。

据中国雅虎的调查显示，有高达 72％的人认为自己从来就没有幸福过；只有 7％的人觉得自己非常地幸福。我们似乎总是有足够的理由来抱怨自己与幸福无关。例如：吃不到放心的食品，呼吸不到清新的空气，找不到可以倾心的朋友，买不起漂亮的公寓，永远不够用的存款，永远忙不完的工作等。我们有太多的不满，太多的不幸。从官员到普通老百姓，从富豪到农民工，幸福，似乎都成了一种奢望。

其实，当我们感觉这样不幸福时，不妨偶尔想想为大家所熟知的一句中国老话"知足常乐"。什么叫"知足"呢？还是先查一下字典吧。《现代汉语词典》说："知足指满足于已经得到的（指生活、愿望等）。"如果每个人都能满足于已经得到的东西，则社会必能安定，天下必能太平，人们也必能幸福，这个道理是显而易见的。可是社会上总会有一些人不安分守己。这样的人往往是要吃亏的。

有这样一则寓言故事，说有位国王，天下尽在手中。照道理他应该很满足了吧？但事实并非如此。

国王自己也纳闷，为什么自己对生活还是不满意。尽管他也参加一些有意思的晚宴和聚会，但都无济于事，总觉得缺点什么。

一天，国王起个大早，决定在王宫中四处转转。当国王走到御膳房时，他听到有人在快乐地哼着小曲。循着声音，国王看到是一个厨子在唱歌，厨子脸上洋溢着幸福和快乐。

国王甚是奇怪，他问厨子为什么如此快乐？厨子答道："陛下，我虽然只不过是个厨子，但我一直尽我所能让我的妻小快乐。我们所需不多，头顶有间草屋，肚里不缺暖食，便够了。我的妻子和孩子是我的精神支柱，而我哪怕把一件小东西带回家都能让他们满足。我之所以天天如此快乐，是因为我的家人天天都快乐。"

听到这里，国王让厨子先退下，然后向宰相咨询此事。宰相答道："陛下，我相信这个厨子还没有成为99一族。"

国王诧异地问道："99一族？什么是99一族？"

宰相答道："陛下，想确切地知道什么是99一族，请您先做这样一件事情：在一个包里，放进去99枚金币，然后把这个包放在那个厨子的家门口。您很快就会明白什么是99一族了。"

国王按照宰相所言，令人将装了99枚金币的布包放在了那个快乐的厨子门前。

厨子回家的时候发现了门前的布包，好奇心让他将包拿到房间里。当他打开包，先是惊诧，然后狂喜："金币！全是金币！这么多的金币！"厨子将包里的金币全部倒在桌上，开始查点金币，99 枚。厨子认为不应该是这个数，于是他数了一遍又一遍，的确是 99 枚。他开始纳闷："没理由只有 99 枚啊？没有人会只装 99 枚啊？那么剩下那一枚金币哪里去了？"厨子开始寻找，他找遍了整个房间，又找遍了整个院子，直到筋疲力尽，他才彻底绝望了，心中沮丧到了极点。

他决定从明天起，加倍努力工作，早日挣回一枚金币，以使他的财富达到 100 枚金币。

由于晚上找金币太辛苦，第二天早上他起来得有点晚，情绪也极坏。对妻子和孩子大吼大叫，责怪他们没有及时叫醒他，影响了他早日挣到一枚金币这一宏伟目标的实现。

他匆匆来到御膳房，不再像往日那样兴高采烈，既不哼小曲也不吹口哨了，只是埋头拼命地干活，一点也没有注意到国王正悄悄地观察着他。看到厨子心绪变化如此巨大，国王大为不解，"得到那么多的金币应该欣喜若狂才对啊"。他再次询问宰相。

宰相答道："陛下，这个厨子现在已经正式加入 99 一族了。99 一族是这样一类人：他们拥有很多，但从来不会满足。他们拼命工作，只为了额外的那个'1'，他们苦苦努力，渴望尽早实现'100'。原本生活中那么多值得高兴和满足的事情，因为忽然出现了凑足 100 的可能性，一切都被打破了，他竭力去追求那个并无实质意义的'1'，不惜付出失去快乐的代价，这就是 99 一族。"

生活在这个世界上，我们到底应该是知足还是应该不知足？有人认为这是矛盾的两个方面。人们就是在这对矛盾中，生活了一辈子，工作了一辈子，奋斗了一辈子，也较量了一辈子。

人的"知足"与"不知足"都分别具有正反两方面，是积极的一面还是消极的一面，关键是能否摆正位置，并正确把握其中的那个"度"。谁将位置摆正了，将"度"把握好了，谁就能化消极因素为积极因素，谁就能掌握通向成功、通向幸福的钥匙。反之，失败便等待着谁。

知足是人生难得的一种处世态度。欲望是无止境的，就像一条锁链，一个牵着一个，永远都不能满足。知足意味着淡泊名利，超越尘世的俗欲而得到心灵的宁静。知足意味着拒绝盲目地与他人进行无知的比较，学会感恩自己所拥有的财富。譬如：拥有健康的身体、爱人的眷恋、亲人的惦念、友人的灵犀、老师的教诲、长辈的叮咛等等。这些都是我们应该知足的依据和理由。

然而，很多时候我们不想做自己，只是一味地羡慕别人，羡慕别人相濡以沫的真情，羡慕别人丰衣足食的日子，羡慕别人无忧无虑的生活，羡慕别人光鲜靓丽的姿容。总之，我们羡慕不属于我们自己的生活，这正好反映了我们贪婪的一面。

你是幸福的，只是你还不知道而已。人类一切努力的目标就在于获得幸福。时代不同，对幸福的定义和追求也有不同。今天的人很难想象，曾经有那么一段时间，大家对幸福的追求和想象是如此卑微，如此渺小，如此一致。经历过那些岁月的人们也想不明白，今天的人们为何怨气冲天，身在福中不知福。

给幸福生活脱去复杂的洋装

从前，在闹市里有一家经营布的店铺，其招牌出其地长，"××市洁舒雅家居手工机织百搭时尚贴心布匹店"。后来，不知什么原因改了招牌，就剩一个"布"字，干净利落地矗立在那里，路过的人们看到这一字招牌都夸好，如此简单明了，省去了麻烦。

不知道是不是传染的关系，"布"旁边另一家，也换了一个简约的大字：鸡，连"烧鸡"两个字都懒得写。据知情人透露，是因为最近写招牌一个字五十元，不如省省。无论如何，这两家店如今都变成了一字招牌。

路人皆夸好，一字招牌何尝不是简约的智慧？反正这方圆几百米也只有这一家卖烧鸡的，一家卖布的，绝对不会混淆，目标顾客也都是附近的居民。"跑惯的腿，吃惯的嘴"，也不必响当当一块招牌来招揽生意。这一字招牌倒省了许多不相干的力气。在看似复杂、绚烂的其他众多招牌中，这样简单的招牌反而脱颖而出，并且能让人感觉到生活中最平凡、最简单的幸福。

可能许多事情都是如此吧，看似错综复杂的纠葛，其实目的地与出发点之间，只需要一条简单的直线。很多转弯其实都是不必要的曲折。

幸福何尝不是这样的呢，简单到超乎想象，与家人共度的一日三餐，迎头看得到的阳光灿烂，甜蜜动人的一颗糖果，有人一起吵吵架的不寂寞等等，这就是简单的幸福。

幸福并不复杂。饿时，饭是幸福，够饱即可；渴时，水是幸福，够饮即可；冷时，衣是幸福，够穿即可；穷时，钱是幸福，够用即可；累时，闲是幸福，够享即可；困时，眠是幸福，够睡即可；爱时，牵挂是幸福；离时，回忆是幸福。

一个人幸福并不代表他是否拥有什么，而在于他怎样看待所拥有的东西。生活中并不缺少快乐，缺少的是你发现快乐的眼睛，缺少的是你感受幸福的心灵。也许你并不富有，但你有个健康身体；也许你没有超人地位，但你有个幸福美满家庭；也许你不出名，但你有宁静而不受干扰的生活。

或许你正享受着幸福，只是没有发觉。一些人只是刻意追求所谓快乐，却付出了巨大代价后仍然感觉一无所有，因为他违背了幸福含义。所以说，幸福的感觉与人的心态密切相关。幸福代表你对生活态度的理解。幸福生活可以简化，因为其实许多东西都不是我们所需要的。

洛林是在美国读书时认识自己丈夫的，毕业后他俩很快就结了婚，并且双双搬到他们喜欢的国度——越南。

他们对这里的迷人风景和特有的风情及越南人悠闲的生活方式情有独钟。

洛林说："在越南的生活是一种简单自在的生活。没有像美国那种铺天盖地的广告推销，没有垃圾邮件，无须信用卡。我们一家四口只买生活必需品，从不盲目地去消费。在这里，你绝不会想买些你并不需要的东西，因为没有大减价的广告勾起你的欲望。"

"许多生活在这个国度的外籍人，虽然他们在物质生活方面不是很丰富，但他们确确实实感受到了宁静和幸福。他们认为自己过的是一种有选择而自主的生活，虽简单却快乐多多。我们家就是众多幸福家庭中的一员。"

"我跟一些美国的朋友讲起这边的事情，他们却不理解。这也难怪，由于美国人认为只有拥有金钱才能得到幸福，所以他们根本没法想象生活在这里的人是如何获得快乐和幸福的。"

幸福并不复杂，获得快乐的方法也很简单，有一定的闲暇的时间、充沛的精力、自由的空间、安静的内心、简单的生活方式，没有物欲横流的生活才会更洒脱。

年轻时，大多数人会以为感受幸福是很困难的事，那是种灯火阑珊处的境界。经岁月流年后，才明白，幸福很简单，只要心灵有所满足、有所慰藉就是幸福，健康活着是种莫大幸福。

生活中，我们偶尔会看到一个失去老公的下岗女工和她的儿子互相推让一只冰糕的情景，这一小小的举动往往会感动太多的人。回过头来想想我们现在的生活，随着物质生活的提高，那些每天都有各式各样冰糕相伴的孩子们，他们甚至还在抱怨哪种不好吃，却永远也不懂得与家人分享。这种分享后得到的幸福是需要用爱用心灵才能体会出来的。无论在什么样的环境里，我们只要拥有一双发觉幸福的眼睛，幸福就无所不在。

早餐时与父母一起喝一碗清粥，清淡的小菜，与父母一起进餐也是一种幸福。因为可以与父母一起分享，可以与家人共进早餐。能与家人粗茶淡饭的生活，这本身就是一种简单的幸福。

幸福是如此简单，简单到一句问候；幸福又是如此淡然，淡然到像喝一杯白开水。

幸福没有统一的答案，也没有一定的模式。幸福的内涵，无限丰富。只要你善于捕捉，用心灵去发现，哪怕是一条温暖的短信问候，一句关爱的叮咛，一缕初夏的凉风，一幕日常生活琐碎的片段……你都能感受到幸福，因为你拥有一颗懂得享受简单幸福生活的心。

看个搞笑的老碟片，读读报刊上的笑话，看看孩子们天真无瑕的笑脸，这应该就会让你感受到简单的幸福了。其实我们周围从来就不缺少幸福和快乐，而是有些事情有些生活变得复杂了，渐渐让我们离开了最初的感动，使我们没能用心地去感知到它。

爱因斯坦说：人们所努力追求的庸俗的目标，财产、虚荣、奢侈的生活——我总觉得都是可鄙的。这正如有的人出去旅游非要带大包、小包，各种装备，觉得这样才能够安心上路，可以更好地旅游。但结果却被这么多的包包所拖累，其实他所需要的仅仅是普通小包里的一些必需品而已，根本不需要这么复杂。这个也要，那个也要，你反而享受不到简单的乐趣。复杂的武装只会让幸福变得沉重。

什么是幸福？做自己喜欢事，和自己喜欢的人在一起是幸福的。愿望实现了，是幸福。知足常乐，是种幸福。甘于平淡，也是幸福。就看我们用什么心态去看待幸福，有时幸福无处可寻又无处不在，生活点点滴滴都孕育着简单的幸福。去感受幸福，幸福就在我们身边，有时是不是我们日益疲惫的心麻木了幸福？这世界上不是缺少幸福，而是缺少发现幸福的眼睛和心灵。

　　现在的世界一切都来得太仓促，太花哨，太复杂，常常让我们看不清那些简单幸福生活的片断。将生活简单化，给幸福生活脱去复杂的洋装。然后我们就会意识到原来幸福就是生活琐事的集合，就是生活的点点滴滴。

你永远是自己最大的敌人

　　在这个世界上，曾经有人让我们欢笑，让我们哭泣。时光逝去，那些影子、那些笑容依然在我们心里，即使没有得到，也是一种幸福。当我们还是个孩子的时候，就可以很勇敢，无论将怎样被伤害，都不会感到害怕。因为那时候的我们，不知道痛到底是一种怎样的感觉。

　　与其说是别人让你痛苦，不如说自己的修养不够，自己无法突破自我。古人认为，生、老、病、死、怨憎会、爱别离、求不得，是人的一生无法逃避的七种劫难。七苦无非是来自自身的欲望和他人的伤害，跟自身的修养也有很大的关系。

　　每个人都必须懂得，你永远是你自己最大的敌人。每一次我们试图突破自我的时候，我们要做的不是幻想敌人有多么强大，而是要坚信如何做一个更好的自己。

　　格拉西安说："我们记得最牢的正是那些最应该忘掉的事情。其实，痛苦的根源在于自己。"这个世界，能打败你的不是别人，只有你自己。你看别人不顺眼，是因为你的眼里只看到了弱小的自己；你爱发脾气，是因为你的心里还看不到自己的缺点；你因为别人而痛苦，是因为你没有真正地说服你自己……

　　人们对于自身造成的痛苦不易觉察，知道后也容易宽容自己；而对于别人的伤害非常敏感，总是耿耿于怀，不肯原谅。爱至成伤，分手后也难以忘怀，总是感叹：我最心爱的人伤我最深。朋友亦是如此，怎么也想不通，为何最好的朋友伤我最深？其实，这恰恰说明我们还没有找到幸福真正的障碍，这个障碍恰恰来源于我们自身。

当人在情感中不能自拔的时候，是最容易迷失自己的。至于存心伤害你的朋友，你也不要过于伤心，自古高尚的情感从来就需要卑鄙来浇灌。你也不必流泪，被出卖的情感自此已经与友谊无关。你也不必愤怒，不懂得友谊的人不配获得正直者的怨恨。报以微笑吧，正是这伤害成就了你为人的风范。为着别人的伤害痛苦得不能自拔时，不妨回头想想是不是因为自己太在意别人的言行和中伤。如果自己不在乎了，也就不存在伤害了，别人的话再难听，说过了也就随风飘散了。解铃还须系铃人，系铃的正是你自己。也只有你才能让自己获得真正的快乐。

比尔生活在城市里。生活舒适时，就感觉缺少事做，即使忙碌起来，也会觉得空虚。他觉得自己的生活有快乐，也有彷徨；有希望，也有失望，总是难得如意。因此，寻访乡野成了他解决烦恼的一种途径。乡间正直丰收季节，田垄上堆着稻子，农人提着镰刀，松松斗笠，用毛巾擦着汗，嬉笑地走向冒着炊烟的家。看着这样的生活情景，比尔感觉内心平静。

比尔和一老者在树下搭讪，老者淳朴而友善。比尔问老者为什么这样快乐？老者说："我们感觉快乐是因为我们能够适应田间的生活，而且喜欢它。我很乐观，我对生活不曾抱怨过，我吃自己种的蔬菜和水果，觉得那是世上最好的食物。"比尔若有所悟地点了点头。

生活就像自然界，变化万千，关键是看你怎么对待它。乐观地对待生活，你就会感到很快乐；悲观地对待生活，你就会过得闷闷不乐，甚至烦恼不断。内心充满热情，生活就会对你展示美丽的一面；内心充满抱怨，生活也会一直阴沉。

在美国的一次中国老乡会上，两个中国人相遇了。

他们的命运可真相似：都出生在外交官家庭，都毕业于芝加哥大学，还都是 38 岁。但他们之间也存在不小的差距：一个是一家大型食品公司的老总，一个一直在某中学做中文老师，收入微薄，连参加这次老乡会的漂亮西服都是跟同事借的。

互相了解了对方的情况后，这位中文老师感觉自己很失败。他又满心愁绪地讲起了自己的"悲惨经历"："我虽然出生在外交官家庭，可是并没有过上让别人羡慕的生活。由于父母长年在外，小时候的我一直一个人过，从 7 岁开始我就自己做饭吃了。孤独地生活了十几年后，父母才把高中毕业的我带到了美国，送进了芝加哥大学。我毕业的时候，父母已经回国。我好不容易才找到这份中文老师的工作，谁知干了十几年，工资不但没涨，还因为物价暴涨而显得越来越少了……"

因为同是中国老乡，餐桌上的人都被他的讲述打动了，表现出了同情之心。谁知他越说怨气越重，大家渐渐不耐烦了。终于，那位跟他背景相似的成功商人一拍桌子站了起来，指着他道："够了！你说完了没有？像你这种没有头脑、只知抱怨的人只配过这种日子！"

顿时，所有的人都愣住了，中文老师更是满脸通红，尴尬得无地自容。

"如果你们认为我残忍，那就听我说下去。"商人清清嗓子说道，"我大学刚毕业的时候，父母也都回国了。由于我的专业更适合在美国发展，所以我留在了这里。刚创业时，我被失败打击得自杀过好几次。那时，我无法忍受周围的世界，我恨所有的人，因为他们似乎都在跟我作对！可是，当金融危机来临，多家企业纷纷倒闭时，我却支撑了下来。我突然发现如果没有年轻时候的多次挫败，我就没有这么好的承压能力和应对困难的能力，也就不能幸运地躲过那次金融危机。所以我想，我们只有首先意识到自己有多幸运，才有可能获得以后的成功！"

一番话说得大家都沉默了，中文老师更是哑口无言，并且深受震动。

这位中文老师觉得痛苦，觉得受伤害，其实只是源自于他自己。这位中文老师不去面对现实，总想着逃避困苦，他将自己的失败归结于外部因素，而不是反省自己。如果真的懂得反省，有什么好痛苦的呢？

其实，一切都在自己的选择。待遇低，可以通过选择来争取；受欺骗，可以通过选择来避免；背叛，可以通过选择来面对……一切痛苦的根源原本都来源于自己，来源于自己的选择。如果你修养够，懂得选择，懂得面对，谁能让你痛苦？在任何困难或是选择面前，我们真正要面对的还是那个最真实的自我，无论何时何地，我们都必须懂得，每个人最大的敌人永远是他自己，在通往幸福的道路上也不例外。

生活中没有十分的完美，但是你可以从这并不十分完美的世界中收获十分的快乐，这样的快乐并不是由别人决定的，主动权在自己手中。挑剔的人总是能挑出那些一点点的瑕疵，不管多么好的东西他们都能找到抱怨的理由。但是抱怨却不能解决任何的问题，反而会让人觉得很不快乐。当我们遇到挫折失败不如意时，我们要学会先从自己身上找原因，而不是怨天尤人，抱怨外界环境，因为我们幸福和成功路上的最大敌人不是别人，也不是别的什么东西，而是我们自己。

背对阳光，看到的只能是你的影子

迎着阳光，你会收获满眼的明媚；而背对阳光，你只能看到自己的影子。很多事情，站在不同的角度就会有不同的看法。与其让自己愁苦自怨，倒不如换个角度，转变一下心情。

正面的思想带来积极的情绪，负面的思想带来消极的情绪，你更愿意选择哪一种呢？事情的"好"与"坏"，多数情况下取决于我们看待它的角度。所谓幸与不幸，其实都是取决于人自己的看法而已。

一般来说，感到幸福的人，通常都以一种乐观的态度来面对事物。相反地，感到不幸的人通常都抱着悲观的态度。所以，我们转换一下思考的角度，这样做虽然不是一件轻松的事情，但确是一件必需的事情。得到幸福与失去幸福，我们肯定会选择得到，既然想要得到，就要做出这样并不是很容易的选择。孟子在《鱼我所欲也》中说道："鱼与熊掌不可兼得。"就是这样一个意思，想要拥抱幸福，就要抛弃消极的想法，不是吗？

世人推崇在轮椅里生活了30余年的科学巨匠霍金，不仅仅因为他是智慧的英雄，更因为他还是一位人生的斗士。

有一次，在学术报告结束之际，一位年轻的女记者捷足跃上讲坛，问："霍金先生，卢伽雷氏症已将你永远固定在轮椅上，你不认为命运让你失去太多了吗？"

这个问题显然有些突兀和尖锐，报告厅内顿时鸦雀无声，一片肃静。

霍金的脸庞却依然充满恬静的微笑，他用还能活动的手指，艰难地叩击键盘，于是，随着合成器发出的标准的美式英语，宽大的投影屏上缓慢然而醒目地显示出如下一段文字：

我的手指还能活动，

我的大脑还能思维，

我有终生追求的理想，

我爱我的亲人和朋友，

对了，我还有一颗感恩的心……

心灵的震颤之后，掌声雷动。人们纷纷涌向台前，簇拥着这位非凡的科学家，向他表示由衷的敬意。

幸福就是这么简单，不是让你不要去想自己得不到的，而是要你尽量去想自己正在拥有的。霍金的成功，必然离不开他这种积极的心态。当你想到自己拥有一个幸福和谐的家庭；你有一个对你疼爱有加的丈夫；你有一个或者两个可爱的宝宝；你有一直视你为掌中至宝的父母；你有一直陪在你身边，当你遇到困难就伸出双手帮助你的兄弟姐妹；你还拥有当你伤心难过，失败堕落，却一直不曾离去的朋友。想到这些，你是否会觉得自己会是世界上最幸福的人呢？

在古希腊，各个城邦之间经常发生残酷的战争。其中有一次战争，雅典城邦被敌人围困了半年之久。这个时候，雅典最高长官命令负责军粮的官员认真计算一下他们还有多少粮食，雅典还能支撑多久。

没有多长时间，官员惊慌失措地报告，我们的粮食仅仅还够支撑一周的时间，一周以后全城的人就会被饿死。

最先听到这个消息的一些官员也惊慌失措起来，他们纷纷向长官进言，与其被围困饿死，还不如开城投降，保住一城百姓的性命。

这个时候，最高长官站了起来，他的脸上充满了自信和乐观。他说，我们还有一周的粮食可以支持，太好了，难道我们不能利用这一周突围吗？敌人的军粮够用一周吗？难道一周我们还想不出更好的办法吗？

是啊，还有一周呢，一周，也许敌人就会坚持不住了，我们就会不战而胜了。

正如最高长官预测的那样，到了他们的粮食还能够支撑三天时间的时候，围城的敌人开始撤退了，原因是他们的军粮已经用尽了，雅典靠信心和希望战胜了敌人。

听到军粮只够一周用，一些人惊慌失措，粮食太少了，不够用，而最高长官却不这样认为，他觉得粮食已经足够多了，可能比敌人的还要多。同一个问题有两种截然相反的看法，从一个角度去看，是死路一条的绝路，而从另一个角度去看，则是充满希望的阳光大道。生命是充满阳光的，所有的阴暗晦涩，在阳光的照耀下都会消散。只要我们面向着阳光，我们就有勇气勇往直前，站在寻找幸福的康庄大道上。若我们背向阳光，除了看见自己的影子外，迎接自己的还是那晦涩的影子带来的无限黑暗，那黑暗，会让人离幸福越来越远。

如果你对自己有所谓的心理障碍，其实一切都是你自己想得太多了。因为在你自以为是问题的地方，对别人而言可能根本就不是问题。也或许你会觉得要改变自己的性格并不是那么简单，那这时候你不妨从模仿你所羡慕的人开始，也就是以套公式的方法来改变自己的性格。当然套公式只不过是一个开始而已，最终目的还是要你打破你心里那个框框，走出属于你自己的风格来。如果你能够做到这一点，那对你来说，不仅仅是进步，也会是一个新的开始，一个面向阳光、美丽的开始。

20世纪最具影响力的英国思想家罗素，在1924年来到中国的四川。那个时候的中国，军阀割据，民不聊生。当时正值夏天，天气非常闷热。罗素和陪同他的几个人坐着那种两人抬的竹轿子上峨眉山。山路陡峭险峻，几位轿夫累得大汗淋漓。此情此景，使罗素没有了心情观景，而是思考起几位轿夫的心情来。

他想，轿夫们一定痛恨这几位坐轿的人，这么热的天，还要他们抬着上山。甚至他们或许正在思考，为什么自己是抬轿的人而不是坐轿的人？

到了山腰的一个小平台，罗素下了竹轿，认真地观察轿夫的表情。他看到轿夫们坐成一行，拿出烟斗，又说又笑，丝毫没有抱怨天气和坐轿人的意思。他们还饶有兴趣地给罗素讲自己家乡的笑话，很好奇地问罗素一些外国的事情，在交谈中不时发出高兴的笑声。

罗素在他的《中国人的性格》一文中讲到这个故事。而且，他因此得出结论：用自以为是的眼光看待别人的幸福是错误的。

生活中，不仅仅要换个角度来思考自己的问题，有时也需要换个角度来思考别人问题。爱比克泰德说："骚扰我们的，是我们对于事物的意识，而不是事物本身。"或许在你看来，在田里种地的农民是辛苦的，他们一辈子都只能与湿湿的泥土、水蛭、稻田打交道。但你有没有想过，其实他们也幸福。穆尼尔·纳素夫说过："真正的幸福只有当你真实地认识到人生的价值时，才能体会到。"农民很累，可是他们可以每天跟家人坐在一起吃饭，一起聊天，这是那些经常离开家在外工作的人体会不到的幸福，你会羡慕，对吗？他们能认识到他们的人生价值，即便他们永远都离不开这些烦人的劳作，但是因为有了这些劳作，才能够满足全家人的食粮，这样的幸福，叫踏实。

背对阳光，看到的只能是你的影子，而幸福的人，就如那些面向阳光，尽情绽放的向日葵。所以，让我们积极的面向太阳，用积极乐观的心态来迎接生活吧！

阻碍你成为幸福达人的九大障碍

我们努力工作似乎就是为了谋求幸福，我们愿意放弃暂时的快乐，虽然现在的生活显得无比艰辛，但我们的心里默想着未来美好的生活。这就是所谓的希望愿景，心中有幅美好的生活蓝图，为希望而活着，为未来而活着，放弃一些，辛苦一点都是值得的。可是忙着忙着，却不知道何时是个头，短暂的快乐时间也越来越短，似乎还总是会觉得这样是值得的。

阻碍我们幸福的障碍有九个，怎样去解决这九个障碍，让自己成为一个幸福达人呢？

第一，不要过分在乎别人的看法。自己的事情自己办，自己的生活自己过，老担心别人会对自己提出异议，最终什么也做不成。

第二，不要害怕冒险。机遇与风险时常是并存的，不要因为规避风险而丧失机遇。有时候，公司给你升职，你却因害怕升职后带来的巨大工作压力而错失了一个机会，多可惜。

第三，不要变成不停运转的劳动机器。毫无疑问，工作是我们生活的重要组成部分，但是我们不能把自己完全献给它。必须善于放松和休息，抽出时间给家庭，善于奖励自己。如果你完全没有有质量的休息，你会很快使自己精疲力竭。是时候给自己放松时就要放松。或许你需要工作来维持家庭，也或许你需要工作来充实自己，但很多时候，家人更需要你。

不管多忙，偶尔需要挂起自己的劳动扫帚，抽出时间与家人在一起，照顾家人，这样会让你变得更幸福。

第四，停止重新回忆往事和对未来着迷。"一切，已经过去的，就让它过去吧！"戈拉齐这样说。生活是这样的，产生在现在的每一瞬间就在这里和现在，所以不能错过现在。回忆，不总是美好的，你会对你的过错感到难过。但若总是活在过去，是没办法前进的。更不要过分憧憬未来，因为未来的事，我们掌握不了。俗话说计划赶不上变化，万一未来没有你想要的结果，你是不是就会难过得生不如死呢？

第五，停止使一切复杂化。你是你生活的主人，它到底是简单还是复杂，仅仅取决于你和你对它的态度。生活本身就是简单的，太过复杂只会让自己纠结在一切的死结中。幸福不是用这种方式获得的。

第六，停止选择比较省事的途径。生活是件不轻松的事情，特别是如果你希望它给你某种东西。你投入多少努力，会直接影响你获得怎么样的成绩。马丁·路德·金说："你跨出第一步就要相信。如果你没有看清所有的道路，只是简单地跨出第一步，这是不行的。"一步一脚印，重在过程，过程才能让你体会到乐趣，而不是结果。

第七，停止控制自己的思想和内在自我的感情。人们不善于阅读思想。如果你需要帮助，你就要说出这件事，说出什么使你担心。要放飞自己，让自己可以在合适的空间里发展。

第八，停止小题大做。当你被某种东西烦扰，你应该询问自己一个问题：一年之后还能回想起来这件事吗？如果答案是否定的，其实也不值得担心。那你应该忘记自己的惊慌不安。"虽然你希望摆脱所有的惊慌不安，但你要知道，世上必然会有惊吓你的事情。还有任何的灾难，都应该发现它的限度和考虑自己的恐惧。那时你无疑地会发现，不幸，虽然你害怕它，但或者它其实不那样巨大，或者不那样长久。"有人这样说。本来就是一件小事，可以无声无息地解决，却被你放大了一百倍，解决不了还会伤和气，伤心情。

第九，停止做那些一直令自己痛苦不堪的事情。为了成长，你应该冲出为自己设置的框框。人不能总活在重复的日子里，生活也需要创新，本来每天工作学习就很累，不懂得动脑筋让自己过得轻松，你的幸福就只是你认为的那样。

上述的九种阻碍你曾经遇到过吗？你遇到过几种？你是怎么解决的？有现在还在困扰着你的吗？你又准备采取何种方式解决呢？其实，通往幸福道路上的阻碍还远远不止这些，这些只是最普通的障碍。所以，面对种种障碍，我们要想到达幸福的天堂，就必须冲破这些路上的绊脚石，冲破种种障碍，让自己成为幸福达人！

发掘自己的潜力，做自己喜欢的事情

潜能需要激发，这种激发是一个过程。在这个过程中，很多因素会影响我们是否能顺利激发潜能，所有因素中，正确归因是其中一个关键因素。

很多同学明知自己不比其他同学笨，但当他们遭遇失败时，就会归咎于自己的能力不行；即使取得了好成绩，也只认为是自己运气好。这会让他们要么感到自卑，要么心存侥幸，但就是缺乏学习的积极性，不愿在学习上投入时间和精力。这种学习上的消极归因使这些同学忽视了自己那巨大的可利用的智力潜能。

一位音乐系的学生走进练琴室。练琴室的钢琴上摆放着一份全新的乐谱。

"超高难度。"他翻动着，喃喃自语，感觉自己对弹奏钢琴的信心似乎跌到了谷底，消磨殆尽。

跟新的指导教授已经3个月了，他不知道，为什么教授要以这种方式整人。指导教授是个极有名的钢琴大师。他给自己的新学生一份乐谱。

"试试看吧！"他说。乐谱难度颇高，学生弹得生涩僵滞错误百出。

"还不熟，回去好好练习！"教授在下课时，如此叮嘱学生。

学生练了一个星期，第2周上课时，没想到教授又给了他一份难度更高的乐谱。"试试看吧！"教授又这样说，上星期的功课教授提也没提。学生再次挣扎于更高难度的技巧挑战。

第3周，更难的乐谱又出现了，同样的情形持续着。学生每次在课堂上都被一份新的乐谱挑战，然后把它带回去练习，接着再回到课堂上，重新面临难上两倍的乐谱。但他却怎么样都追不上进度，一点也没有因为上周的练习而有驾轻就熟的感觉。学生感到愈来愈不安、沮丧及气馁。

教授走进练琴室。学生再也忍不住了，他向钢琴大师提出质疑，为什么3个月来不断折磨自己。

教授没开口，他抽出了最早的第一份乐谱，交给学生。"弹奏吧！"他以坚定的眼神望着学生。不可思议的事发生了，连学生自己都惊讶万分，他居然可以将这首曲子弹奏得如此美妙、如此精湛！教授又让学生试了第二堂课的乐谱，学生仍然有高水平的表现。演奏结束，学生怔怔地看着老师，说不出话来。

"如果我任由你表现最擅长的部分，可能你还在练习最早的那份乐谱，不可能有现在这样的表现。"教授缓缓地说。

人，往往习惯于表现自己所熟悉、所擅长的领域。但如果我们愿意回首，细细检视，将会恍然大悟，看似紧锣密鼓的工作挑战、永无止境难度渐升的环境压力，不也就在不知不觉间养成了今日的诸多能力吗？因为，人确实有无限的潜力！有了这层体悟与认知，会让我们更欣然快乐地接受未来更多的难题！

人的能力是有限的。但人的智慧和想象力具有很大的潜力，充分挖掘它，发挥丰富创造力，会做出使自己都感到吃惊的成绩来。

有两家相邻的卖粥小店。每天的顾客相差不多，都是川流不息，人进人出的。然而晚上结算的时候，左边这个总是比右边那个多出百十来元。天天如此。

有一天，杰克走进了右边那个粥店。服务小姐微笑着把杰克迎进去，给他盛好一碗粥，问道："加不加鸡蛋？"杰克说加。于是她加了一个鸡蛋。每进来一个顾客，服务员都要问一句："加不加鸡蛋？"也有说加的，也有说不加的，大概各占一半。

第二天，杰克又走进左边那个小店。服务小姐同样微笑着把他迎进去，给他盛好一碗粥，问道："加一个鸡蛋，还是加两个鸡蛋？"杰克笑了，说："加一个。"再进来一个顾客，服务员又问一句："加一个鸡蛋，还是加两个鸡蛋？"爱吃鸡蛋的就要求加两个，不爱吃的就要求加一个。也有要求不加的，但是很少。杰克发现，一天下来，左边这个小店就要比右边那个多卖出很多个鸡蛋。原来，收入差别在这里。

想一想生活中，工作中，你真的已经把自己的潜能发挥到极致了吗？还是一切按部就班，只是在重复你熟知的那些事？有句话讲得非常好：你没有做得更好，只因为你还没有更多地发挥出你的潜力。记住，每个人的潜力都是无穷的。

积极归因，是我们每个人都需要学会的。当学习取得进步时，可以将其归功于"自己的努力"，这样会激发自己想进一步取得成功的欲望和继续努力的动力；也可以把这些进步当做自己能力强的体现，从而使自己产生一定的满意感，增强成功的信心。如果偶有失败，我们也大可在轻轻一笑中把失败归因于任务太重或运气不好，这样既可为自己"开脱"，使自己获得心理平衡，也可鼓励自己更加努力，并克服困难。不过，切不可因此对今后的学习产生"靠运气"的侥幸心理。

正如爱默生说过："蕴藏于人身上的潜力是无尽的。他能胜任什么事情，别人无法知晓。若不动手尝试，他对自己的这种能力就一直蒙昧不察。"他为此还强调道："一个人应当更多地发现和观察自己心灵深处那一闪即逝的火花，不只限于仰视诗人、圣者领空里的光芒。"

所以无论你是事业有成的人，还是一事无成的普通人；无论你是年过半百的老人，还是精力旺盛的年轻人；无论你在哪一行工作，只要你相信自己，相信自己有巨大的潜能，勇于去挖掘这种潜能，你就成功了一半。

活出真我，建立自信与自我反省的能力

有位富商来到海边，看见一位渔夫正划着一艘小船靠岸，船上有几条大黄鳍鲔鱼。这种鱼市价很高，且难以捕捉。富商先对渔夫能抓到这么昂贵的鱼恭维了一番，接着问需要多长时间才能抓这么多。渔夫说只一会儿工夫。富商再问："既然如此，为什么不多捕捉一些？

渔夫不以为然："这些鱼已经足够我一家人一天生活所需啦！"

富商又问："除了捕鱼，你其他时间都在做什么呢？"

渔夫笑着说："要做的事情很多呢。我每天睡到自然醒，出海抓几条鱼，回来后跟孩子们玩一玩，再睡个午觉，黄昏时晃到村子里喝点小酒，跟朋友们聊聊天！"

富商劝诫说："我是美国哈佛大学企管硕士。恕我直言，依我看你应该每天多花些时间捕鱼，这样就有钱去买大点的渔船，自然就可以抓到更多鱼。待攒了足够多的钱，你就可以拥有一个渔船队。那时你不必把鱼卖给鱼贩子，而是直接卖给加工厂。或者你可以自己开一家罐头工厂。不久你便可以离开这个小渔村，搬到大城市。在那里经营你不断扩充的企业。"

渔夫不解地问："这需要花多少时间呢？"

富商回答："约 20 年。"

"然后呢？"渔夫问道。

富商大笑着说："然后你就退休啦，你可以搬到海边的小渔村去住。每天睡到自然醒，出海随便抓几条鱼，跟孩子们玩一玩，再睡个午觉，黄昏时，晃到村子里喝点小酒，跟朋友们聊聊天啰！"

渔夫疑惑地说："我现在不就是这样了吗？"

幸福就在身边，简单的道理却被很多人忽视。许多人终其一生，也无法体会到这点。正如故事中的富商。

活出真我，建立自信与自我反省的能力，正是幸福生活的先决条件。正如上文的故事中的渔夫，他就过着非常幸福的生活。为什么呢？从他与富商的对话中不难看出，他活出了真我。因为他做的就是真实的自己，活出了真我，并且他对自己的幸福生活具有强大的信心，知道现在的生活就是他应该追求与保持的生活。

那种满足现状，不刻意追求功名利禄的潇洒不正是他活出真我的体现吗？那句反问富商的"我现在不就是这样了吗？"又充分、完美地体现出他的自信。那么如何建立自信和自我反省的能力呢？

　　"先相信自己，然后别人才会相信你。"罗曼·罗兰说。别人能行，相信自己也能行；其他人能做到的事，相信自己也能做到。要善于在课桌上、床沿边上放上激励语："我行，我能行，我一定能行"、"我是最好的，我是最棒的"。每天早晨起床后、临睡前各默念几次，上课发言前、做事前，与人交往前，特别是遇到困难时要果断、反复地默念。这样，就会通过自我积极的暗示机制，鼓舞自己的斗志，增加心理力量，使自己逐渐树立起自信心。

　　一个人的眼神可以透露出许多有关他的信息。当别人不正视你的时候，你会问自己："他怎么了？他是怕我什么吗？还是他心里有鬼？"不敢正视别人通常意味着："感到自卑、不如别人，或我做了或想到什么我不希望你知道的事。我怕一接触你的眼神，你就会看穿我。"正视会告诉对方："我很诚实、光明正大，我的话是真的，你完全可以信任我。"你要让你的眼睛为你工作。这不但使你增加自信，也能为你赢得信任。

　　很多思路敏锐、天资高的人，在参与讨论时无法发挥他们的长处。这并非他们不想，而是因为他们缺少信心。他们总是认为："我的话无足轻重，别人不会采纳的，如果说出来，别人也会觉得太愚蠢，我最好什么也不说。而且其他人可能比我懂得多，我并不想让他们知道我是这么无知。"还有的人，心里总是说：下一个就是我，我要发言。可是当前者发言完毕时，他又不敢马上站出来，于是告诉自己"下一次吧"，白白地将机会让给别人。积极发言需要你有自信，一旦你有了机会，就要不惜代价抓住它。该说就说，不用考虑你在说什么，只要你敢说，拿出你的自信来。这样一次又一次，你的自信会不断增长。这是信心的维生素。

　　信心不足的人总是看到自己的缺点，而很少看到自己的优点。总喜欢用自己的缺点与别人的长处相比较，常常导致情绪低落，自信心缺乏。其实，我们不需要为自己的不足而整天自责，而要相信"天生我材必有用"，"天行健，君子以自强不息。"即使自己因失败而陷入自责时，请你提醒自己，不要做完美主义者。换一个角度看问题，把它变成表扬。心理学家告诉我们，做自己的伯乐，善于发现自己的优点，及时激励自己，你的自信心一定会大增。

学会赞扬自己，取悦自己，不自卑，不自怜，不自责。自信是保持愉快情绪的重要条件，自信来自于对自我的正确认识和评价，感觉到为别人所赞赏和具有责任感。适当地赞美自己也有助于增强自信，增添快乐。如国外流行的"六十PR法"（PRIDE 的缩写），就是每天用 60 秒大声讲述自己的优点，对着镜子表扬自己，以增强自信。

活出真我，勇于做真实的自己，除了要自信外，还需要有自省的能力。只要肯从自身找原因，勇于自我反省，敢于改变自己，能够相互理解，及时沟通，幸福就不会遥远。

物质生活日益丰富的今天，我们每天戴着面具忙忙碌碌地去追求所谓的幸福，然而大多数人都在追求幸福的路上迷失了自我，活在了别人的目光和评价中。等到我们年过花甲，回想起以前的生活，我们就会发现其实最大的幸福就是我们勇敢地做自己，而不用在意别人的眼光与议论。活出真我，加上自己强大的自信和自省能力，我们就能让生活更美好！